化工园区多米诺效应事故防控原理

HUAGONG YUANQU DUOMINUO XIAOYING SHIGU
FANGKONG YUANLI

陈国华 编著

中国石化出版社

内 容 提 要

本书系统介绍了化工园区多米诺效应事故机理与防控原理，阐述了化工园区多米诺效应事故的基本内涵与相关理论，同时针对火灾热辐射、爆炸冲击波、爆炸碎片等多米诺效应事故成因给出了相应的分析案例，给出化工园区安全措施及多米诺效应事故防控管理措施。

本书适用于化工园区安全管理技术人员阅读，也可供高等院校安全工程、化学工程和应急管理等相关专业教师、研究生及本科生学习参考。

图书在版编目(CIP)数据

化工园区多米诺效应事故防控原理/陈国华编著
. —北京：中国石化出版社，2022.2
ISBN 978 - 7 - 5114 - 6572 - 6

Ⅰ.①化… Ⅱ.①陈… Ⅲ.①化学工业 - 工业
园区 - 事故分析 ②化学工业 - 工业园区 - 事故 -
预防 Ⅳ.①TQ086

中国版本图书馆 CIP 数据核字(2022)第 026492 号

中国石化出版社出版发行

地址：北京市东城区安定门外大街 58 号
邮编：100011 电话：(010)57512500
发行部电话：(010)57512575
http://www.sinopec-press.com
E-mail：press@sinopec.com
北京富泰印刷有限责任公司印刷
全国各地新华书店经销
*
787×1092 毫米 16 开本 9.5 印张 202 千字
2022 年 2 月第 1 版 2022 年 2 月第 1 次印刷
定价：68.00 元

前　　言

　　化工园区是现代化学工业为适应资源或原料转换，顺应大型化、集约化、最优化、经营国际化和效益最大化发展趋势的产物。化工园区包括以石化化工为主导产业的新型工业化产业示范基地、高新技术产业开发区、经济技术开发区、专业化工园区及由各级政府依法设置的化工生产企业集中区。随着新型城镇化的发展与"退城入园"政策的推行，化工企业不断向化工园区集中，化工园区已经成为石化化工行业发展的主要载体。化工园区在推动石化化工行业安全生产、节能减排、循环经济等方面发挥了重要作用。

　　我国化工园区起步于 20 世纪 90 年代，经过 20 多年的快速发展，根据中国石油和化学工业联合会资料，截至 2020 年底，全国重点化工园区或以石油和化工为主导产业的工业园区共有 616 家，其中国家级化工园区（包括经济技术开发区、高新区等）48 家；其中，超大型和大型园区产值占比超过化工园区总产值的 50%，化工园区集聚规模效益明显。"十四五"期间，我国将重点发展 18个沿海石化园区、18 个内陆石化园区、4 个现代煤化工基地和 30 个专业化工园区，并培育产业集聚度高、相关产业协同促进的五大世界级石化产业集群。

　　集中的园区管理模式在带来产业规模效益的同时，也造成了风险积聚化。当其中一个单元发生火灾或爆炸事故时，极有可能触发邻近单元也发生事故，产生事故多米诺效应，造成非常严重的事故后果。2014 年江苏苏州昆山市某公司"8·2"特别重大爆炸事故、2015 年天津港某公司"8·12"特别重大火灾爆炸事故、2016 年墨西哥化工厂"4·20"爆炸事故、2017 年临沂市某公司"6·5"罐车泄漏重大爆炸着火事故、2018 年张家口某公司"11·28"重大爆燃事故、2019 年响水县某化工厂"3·21"特别重大爆炸事故，多米诺效应事故对化工园区的安全发展有着重大影响，极易造成事故后果的升级与经济损失的扩大。

本书首先对化工园区多米诺效应事故进行整体概述，然后从导致化工园区多米诺效应事故的成因出发，分别针对火灾热辐射、爆炸冲击波、爆炸碎片作用下化工园区设备破坏机理分析及相应概率计算方法进行阐述，并辅以案例说明，直观地展现火灾热辐射、爆炸冲击波、爆炸碎片等引发的多米诺效应事故。最后，给出了多米诺效应事故防控策略，着力减少多米诺效应事故发生，降低事故后果。全书旨在系统阐明多米诺效应事故的基本内涵、事故成因、破坏机理及防控策略，为化工园区开展多米诺效应事故研究与预防控制提供基本思路与技术方法。

本书出版得到了国家自然科学基金项目（21878102、21576102）、广东省本科高校教学质量与教学改革工程特色专业建设项目（粤教高函〔2018〕179号）、广东省高等教育教学改革项目（粤教高函〔2018〕180号）、广东省安全生产科技协同创新中心（项目编号：2018B020207010）等的支持。本书是编者在近年来研究成果的基础上参考国内外文献资料编著而成，在此，一并表达对相关文献资料作者的崇高敬意和诚挚感谢！

由于编者水平所限，书中可能存在错误和不当之处，欢迎各位专家学者和广大读者给予批评指正。

目　　录

第1章　概　论 ……………………………………………………………………（1）

1.1　多米诺效应事故内涵 …………………………………………………（1）

1.2　多米诺效应事故分析 …………………………………………………（2）

1.2.1　多米诺效应事故历史背景 …………………………………………（2）

1.2.2　多米诺效应历史事故统计 …………………………………………（4）

1.3　多米诺效应事故场景升级 ……………………………………………（11）

1.3.1　多米诺效应事故初始场景 …………………………………………（11）

1.3.2　多米诺效应二级事故场景 …………………………………………（12）

第2章　多米诺效应事故成因 ……………………………………………（14）

2.1　火灾热辐射效应 ………………………………………………………（15）

2.2　爆炸冲击波效应 ………………………………………………………（17）

2.3　爆炸碎片效应 …………………………………………………………（18）

2.4　其他导致事故升级的因素 ……………………………………………（19）

第3章　火灾热辐射效应 …………………………………………………（21）

3.1　概述 ……………………………………………………………………（21）

3.2　火灾热辐射环境下过程设备的热响应 ………………………………（21）

3.2.1　导致多米诺效应升级的过程工业火灾 ……………………………（21）

3.2.2　基于集中参数模型的过程设备热响应 ……………………………（26）

3.3　火灾热辐射多米诺效应升级机制 ……………………………………（33）

3.3.1　火灾环境过程设备静态可靠性分析 ………………………………（34）

3.3.2　火灾环境过程设备动态可靠性分析 ………………………………（40）

3.4　火灾热辐射多米诺效应升级准则 ……………………………………（52）

第4章　爆炸冲击波效应 …………………………………………………（54）

4.1　概述 ……………………………………………………………………（54）

4.2 爆炸冲击波强度表征——爆炸荷载 ………………………………… (55)

   4.2.1 爆炸冲击波多米诺效应事故场景 …………………………… (55)

   4.2.2 不同爆炸类型的爆炸冲击波强度计算方法 ………………… (55)

   4.2.3 爆炸载荷强度模型（BLIM）和爆炸破坏强度模型（BDIM） ………… (59)

4.3 爆炸冲击波的非线性动力响应 ………………………………………… (64)

4.4 爆炸冲击波破坏概率计算 ……………………………………………… (66)

   4.4.1 超压阈值方法 ………………………………………………… (66)

   4.4.2 比例方法 ……………………………………………………… (67)

   4.4.3 Probit 模型方法 ……………………………………………… (67)

   4.4.4 随机有限元（SFEM）方法 ………………………………… (70)

4.5 爆炸冲击波多米诺效应案例分析 ……………………………………… (70)

4.6 爆炸冲击波多米诺效应升级准则 ……………………………………… (75)

第5章 爆炸碎片效应 ………………………………………………………… (76)

5.1 概述 ……………………………………………………………………… (76)

5.2 爆炸碎片识别与表征 …………………………………………………… (76)

   5.2.1 碎片数量 ……………………………………………………… (76)

   5.2.2 碎片形状 ……………………………………………………… (77)

   5.2.3 碎片质量 ……………………………………………………… (78)

   5.2.4 碎片抛射速度 ………………………………………………… (78)

   5.2.5 碎片抛射角度 ………………………………………………… (80)

   5.2.6 碎片飞行轨迹 ………………………………………………… (81)

5.3 爆炸碎片多米诺效应升级机制 ………………………………………… (81)

   5.3.1 碎片抛射场景 ………………………………………………… (81)

   5.3.2 碎片产生阶段 ………………………………………………… (82)

   5.3.3 碎片飞行阶段 ………………………………………………… (83)

   5.3.4 碎片撞击阶段 ………………………………………………… (83)

5.4 爆炸碎片多米诺效应影响概率 ………………………………………… (84)

   5.4.1 碎片击中概率 ………………………………………………… (84)

   5.4.2 碎片破坏概率 ………………………………………………… (86)

5.5 设备受爆炸碎片撞击的易损性分析 …………………………………… (87)

  5.5.1 易损性理论基本概念 ···（87）

  5.5.2 构建极限状态方程 ···（88）

5.6 爆炸碎片多米诺效应事故案例分析 ································（90）

  5.6.1 爆炸碎片多米诺效应事故典型案例 ·····················（90）

  5.6.2 墨西哥城 LPG 储罐火灾爆炸事故案例分析 ············（91）

5.7 爆炸碎片多米诺效应升级准则 ····································（96）

第6章 多米诺效应定量风险评估 ·······································（97）

6.1 多米诺效应定量风险评估程序 ····································（97）

6.2 多米诺效应定量风险评估的关键 ·································（98）

  6.2.1 扩展阈值标准的确定 ·······································（98）

  6.2.2 扩展概率计算 ··（100）

  6.2.3 各二次事故组合的发生概率计算 ·····················（100）

  6.2.4 多米诺效应事故后果分析 ·······························（101）

6.3 多米诺效应定量风险评估研究新进展 ····························（102）

  6.3.1 基于贝叶斯网络的多米诺效应事故场景识别和定量风险评估 ···（102）

  6.3.2 多米诺效应定量风险评估新方法 ·····················（103）

6.4 多米诺效应定量风险评估的发展方向 ····························（104）

6.5 多米诺效应定量风险评估案例 ···································（105）

  6.5.1 多米诺效应案例分析 ·····································（105）

  6.5.2 多米诺效应案例分析小结 ·······························（109）

第7章 多米诺效应事故防控 ···（110）

7.1 多米诺效应防控"五阶策略" ···································（110）

  7.1.1 策略一 泄漏频率控制 ································（111）

  7.1.2 策略二 安全距离与容量限制 ·····················（112）

  7.1.3 策略三 设备易损性评价与安全设计 ···············（114）

  7.1.4 策略四 保护层简化定量风险评价与控制 ···········（116）

  7.1.5 策略五 区域多米诺效应定量风险评价与控制 ·······（117）

7.2 化工园区安全保障体系 ···（118）

  7.2.1 化工园区安全保障体系构建 ···························（119）

  7.2.2 本质安全策略 ···（119）

    7.2.3　风险控制策略 ···（122）

    7.2.4　制度与文化策略 ···（126）

7.3　多米诺效应防控管理体系 ··（128）

    7.3.1　管理与决策技术研究 ··（128）

    7.3.2　重构事故防控体系 ···（131）

附录 I　基础模型和数据 ··（133）

参考文献 ··（140）

第1章 概 论

1.1 多米诺效应事故内涵

HSC(英国健康安全委员会)下属重大危险源咨询委员会,在 1976 年、1979 年、1984 年公布的重大危险源控制系列报告中多次明确了多米诺效应概念。尽管多米诺效应事故已经被广泛认识,并开展了一定的研究工作,但对多米诺效应事故的定义仍没有统一的认识。2010 年,比利时学者 Genserik Reniers 根据文献资料对各种多米诺效应事故定义进行了总结,如表 1-1 所示。

表 1-1 各种多米诺效应事故定义总结表

年份/年	作者	多米诺效应事故定义
1984	Third Report of the Advisory Committee on Major Hazards	重大事故对现场及毗邻单元设备的影响
1991	Bagster and Pitblado	附近工厂发生重大事故而造成的对工厂设备容器的损失
1996	Lees	一个单元发生事故导致另一个单元进一步发生事故
1998	Khan and Abbasi	工厂内一个单元发生事故造成的火灾、爆炸、碎片、有毒荷载等导致其他单元发生二阶或更高阶事故的连锁事故或情况
1998	Delvosalle	初始事故的后果在时间和空间上随着衍生事故增加,从而导致一系列重大的事故
1999	Uijt de Haag PAM Ale BJM	一个装置物质泄漏导致其他装置物质泄漏的效应
2000	AIChE - CCPS	发生在某一单元中且有可能通过热效应、爆炸效应及碎片效应影响到邻近单元的事故
2002	Vallee et al	影响单元内一个或多个设施,导致邻近单元内设施发生事故现象,从而使事故后果普遍增加的事故现象
2003	Council Directive 2003/105/EC	两个事件应该同时发生或以非常快的先后顺序发生,并且多米诺风险应该大于初始事件的风险
2003	Post et al	由所谓"致害部分"的重大事故引发的"受影响部分"的重大事故。多米诺效应是由于多米诺效应事故引发的后续事件
2005	Mannan	考虑危险物质泄漏可能导致事件升级危害的因素

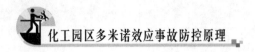

年份/年	作者	多米诺效应事故定义
2006	Cozzani et al	具有至少三个共同特征的事故序列：（i）启动多米诺事故序列的初始事故场景；（ii）由于初始场景的物理影响生成的"升级向量"，导致初始事件的传播，并造成至少一次次生设备的损坏；（iii）一次或更多次次生事故(如，火灾、爆炸及毒气传播)，涉及损坏的设备(次生事故数通常与受损设备数相同)
2007	Bozzolan and Messias de Oliveira Neto	在初始设备发生的初始事故传播到附近的设备，引发一次或多次次生事故，并对工厂造成严重后果的事故
2009	Gorrens et al	由所谓的外部危险源失效导致的所谓的二次装置重大事故
2009	Antonioni et al	初始事故向邻近单元传播，造成灾害及次生事故，导致整体事故场景严重程度远大于引发事故升级的初始事故
2013	Genserik Reniers	在一个单元中发生的初始事故依次或同时传播向邻近单元，引发一次或多次更高级别的次生事故，导致整体事故后果严重程度远大于初始事故

在众多的多米诺效应事故定义中，比利时学者 Genserik Reniers 与意大利学者 Valerio Cozzani 等的定义受到国内外研究学者普遍接受。其核心是事故扩展传播与后果影响扩大，包含3个基本要素：

(1)初始事故场景及其物理影响，如火灾热辐射、爆炸冲击波、爆炸碎片等；

(2)潜在的二次或一阶扩展事故场景，源于初始事故的扩展传播和危险化学品泄漏等事故场景，使后果影响扩大；

(3)后果影响扩大的目标设备或单元。

根据上述定义：一方面，安全距离是评估多米诺效应的重要指标；另一方面，扩展场景要确实使初始事故的后果影响扩大。另外，火灾热辐射、爆炸冲击波、爆炸碎片是三类主要的物理影响因素，即致损因子。火灾热辐射可导致目标设备的壳壁或结构材料发生高温强度下降，使压力储存液化烃或工业气体容器内压升高，同时火焰还具有点火引燃的危险。爆炸冲击波可使目标设备发生屈服、倒塌、破裂、分解、整体位移、连接管线断裂、安全装置功能失效等，传播路径还可以产生二次碎片危险。爆炸碎片可穿透容器、切断支撑或管线，高温碎片也有点火或加热的危险，碎片来源包括容器爆炸破裂产生的小碎片、爆炸分解的零部件等。一般而言，有毒物质泄漏不会直接导致进一步的危化品泄漏扩散、火灾、爆炸等场景，但可使现场操作人员中毒，丧失正常工作能力，间接导致多米诺效应。

1.2 多米诺效应事故分析

1.2.1 多米诺效应事故历史背景

自早期工艺安全，人们开始关注"多米诺效应"事故带来的潜在危险。从20世纪60

年代起，从事化工和加工工业的工厂集中为大型综合工厂（即所谓的"化工集群"）。随着固定成本和运营成本的降低，单一工厂的生产潜能增加导致工业用地的复杂性和范围逐渐增加。这相当于大量工业场所内相关危险物质清单的增长，从而增加了涉及"多米诺效应"（由于爆炸效应事故的升级和传播，可能涉及部分或整个工业场地）严重事故的可能性。

1984 年发生的墨西哥城某公司 LPG 储运站连锁爆炸事故，极大地促进了多米诺效应在工业界与学术界受关注程度，科技文献的涌现即始于此。1984 年墨西哥城灾难所造成的巨大破坏，是比较典型的多米诺效应事故之一，引起了人们对危险升级的特别关注。自此，涉及多米诺效应事故潜在严重性表现使人们为预防多米诺事故做出极大努力。为了控制和减少多米诺效应事故发生的概率，将一些技术标准如安全距离、绝热或应急水域等引入了预防措施。1989 年美国化工过程安全中心（CCPS）第一版化工过程定量风险评价指南，以及 1999 年荷兰应用科学研究院（TNO）定量风险评价紫皮书已经对多米诺效应进行了相关考虑。由于某些化学事故的死亡人数和巨大破坏所造成的高风险，欧洲通过了一项控制重大事故危险的先进立法。第一个《Seveso 指令》（指令 82/501/EEC）要求对化学和工艺场所安全进行全面评估，这项指令提到需要评估"多米诺效应"事故的可能性，尽管当时没有技术方法或具体工具来进行确定和评估。

多米诺效应的官方条款主要见于欧盟委员会 1996 年《Seveso Ⅱ指令》（指令 96/82/EC）第 8 条，自第一个《Seveso 指令》发布以来，多米诺效应的危害在立法中得到了认可，该指令要求所有工厂的多米诺危害评估都应发布"安全报告"。为了预防与控制多米诺事故的发生，2012 年 07 月 24 日，欧盟委员会修订发布的《Seveso Ⅲ指令》（指令 2012/18/EU）第 9 条延续前版第 8 条，继续对多米诺效应做出明确规定：企业需向管理部门告知信息，管理部门有辨识多米诺效应的责任，相关企业需相互合作、互通信息，在编制重大事故预防策略（MAPP）、安全管理系统、安全报告、内部应急预案时，需考虑多米诺效应的影响，并告知公众以及邻近的其他企业或机构。

《Seveso Ⅱ指令》第 8 条和目前的《Seveso Ⅲ指令》第 9 条专用于评估主要事故可能传播到附近工厂的多米诺效应升级情况。表 1-2 总结了 Seveso 最新指令第 9 条的要求。

表 1-2　第 2012/18/EU 号指令第 9 条关于多米诺效应的要求

a. 成员国应确保主管当局根据第七条和第十条从运营者那里收集到的资料，或者在主管当局要求提供补充资料后，或根据第二十条进行的检查后，确定所有较低和较高级别的机构或机构群体，这些机构可能由于地理位置和距离较近及危险物质库存等问题而增加重大事故的风险后果

b. 依照第七条（1）项的规定主管当局提供经营者补充信息的，应当使该信息能为经营者所用，必要时适用本条

c. 根据第一条，成员国应保证机构的运营者：

a）交换适当的信息，使这些机构能够酌情在重大事故预防策略（MAPP），安全管理系统，安全报告和内部应急计划中考虑到重大事故总体危害的性质和程度；

b）合作通知公众和本指令范围外的邻近场所，并向负责编制外部应急计划的机构提供信息

在实际执行 Seveso 指令时，欧盟委员会要求成员国根据问卷（2002/605/EC - 欧盟委员会 2002 年 7 月 17 日关于理事会指令 96/82/EC 的问卷调查的决定）定期向成员国报告指

令的实施情况。表1-3概述了第一个报告期间(2003~2005年)编制的问卷中有关多米诺效应的要求。

表1-3 欧盟成员国关于多米诺效应的报告要求(EC, 2002)

需要的信息	第一年	第二年	第三年
a. 基本背景信息?	非数字		
b. 有多少机构组织?	√	√	√
c. 每个组织的平均机构数量?	√	√	√
d. 最小的组织中机构数量?	√	√	√
e. 最大的组织中机构数量?	√	√	√
f. 确保合适的信息交换的策略?	非数字		

在过去几十年,欧洲成员国立法中逐渐开始重视定义多米诺效应事故的升级阈值标准和安全距离。在复杂的工业区,通过该地区所有运营公司的协调努力,可以进行多米诺效应事故预防。如果许多公司决定主动应对多米诺效应事故风险,将会使工业生产更加安全,因为多公司通过合作和智能预防措施一起行动十分重要。然而,如果只有一家工厂采取预防多米诺效应事故的措施,就会给公司带来不便,并不太可能让整个集群受益。一些利益相关者并不熟悉多米诺效应,并认为多米诺效应事故的发生概率太低而无须采取预防措施。因此,为了达到预防多米诺效应的目的,提供最先进的信息和指导,为风险决策者提供有关如何充分防止多米诺效应事故的技术和管理建议至关重要。多米诺效应事故情景的主要问题是复杂性。实际上,为防止失效,多米诺效应事故场景必须考虑整个复杂系统的运行情况,而不仅仅是其部件的功能。同时,开展相关研究工作使多米诺效应风险评估的最新工具得以实现,能够为进一步设计和运营更安全、更可持续的化工设施、基础设施和工业园区提供支持。

1.2.2 多米诺效应历史事故统计

事故统计分析可以明确多米诺场景的某些特征,对化学加工工业或危险品运输中发生的事故进行研究意义重大。主要原因有:首先,真实事故是从重大事故中获得的"实验数据"的来源,这种实验工作非常困难和昂贵,而且实际上是几乎不可能的;此外,就经济损失和人员损失而言,这些"实验数据"是以严重事故的后果为代价获得的,从过去的事故中吸取的教训是非常宝贵的资源;最后,对历史事故的分析可以识别一些特征,这对于进行风险评估和制定事故预防策略有很大的帮助。因此,这种分析的结果可以用来确定主要的危险源,确定哪些事故更容易发生,并确定更安全的作业程序。

化工事故是原因和后果的组合。从社会的角度来看,事故的严重程度主要取决于其后果的严重程度,即事故可能对健康造成的危害;另一方面,从工程的角度来看,不同的原因可能导致不同程度的后果,故而必须将事故原因纳入考虑。统计表明,化学事故很少直接导致人员死亡,而多米诺效应事故扩展过程中包含很多不确定性因素,目前概率论是处理事故不确定性唯一合理的方法，事故后果在某些情况下可能非常明显，但用一个建立在若干假设和参数基础上的数学模型来描述事故不确定性仍然是非常必要。在工程或研究中，通常通过构建一组选定事故的死亡率-频率$(F-N)$曲线并研究曲线模式来推断化工事故严重程度的可能性。假设事故的严重程度主要取决于死亡人数，那么死亡人数在一定程度上代表了事故严重程度，但同时有效的应急管理也体现在一些别的因素，如事故持续时间和经济损失。由于多米诺效应事故通常被认为比其他事故更严重，对化学事故案例历史的审查用于调查多米诺事故和非多米诺事故的差异，将死亡人数作为这种差异的可能指标。

此外，统计分析的手段还可用于预测多米诺效应以及非多米诺效应化学事故发生的可能性。值得注意的是，除了对事故发展和应急管理随技术和社会变化进行研究外，研究人员还可以研究不同类型的事故差异。事故本身被认为是占据时间和空间的离散事件，在这种情况下，应考虑由于现有历史数据的质量而造成的局限性，学者们通过研究贝叶斯网络，发现可以通过运用贝叶斯分析预测化学事故死亡频率参数的取值范围克服这一局限性。

关于对多米诺效应历史事故统计研究进行总结，随时间发展如表1-4所示。

表1-4　多米诺效应事故历史数据统计研究总结

作者	年份	样本数量	研究内容
Kourniotis	2000 年	207 个化工事故样本	事故地理位置分布、事故时间分布、事故涉及物质
Ronza	2003 年	港口区的 675 起化工事故	事故易发过程/区域、事故涉及物质、事故序列
Darbra	2010 年	1961 年至 2007 年期间发生的 225 起多米诺效应事故	事故地理位置分布、事故时间分布、事故涉及物质、事故原因、事故序列
Abdolhamidzadeh	2011 年	1917 年至 2009 年期间发生的 224 起多米诺效应事故	事故地理位置分布、事故时间分布、事故涉及物质、事故易发过程/区域、事故序列
Chen Yinting	2012 年	1951 年至 2012 年期间发生的 318 起多米诺效应事故	事故地理位置分布、事故易发过程/区域、事故涉及物质、事故原因、事故序列
Zhang Heda	2012 年	2006 年至 2010 年期间发生的 1632 起危化品事故	事故地理位置分布、事故易发过程/区域、事故原因、事故涉及物质、事故序列
Hemmatian	2014 年	1961 年至 2014 年期间发生的 330 起多米诺效应事故	事故地理位置分布、事故时间分布、事故涉及物质、事故易发过程/区域、事故原因、事故序列
陈国华	2015 年	对历史数据研究的评述	事故涉及物质、事故易发过程/区域、事故原因、事故序列
Zhang Mingguang	2019 年	1970 年至 2017 年期间储罐区的 165 起多米诺效应事故	事故序列

2000 年，Kourniotis 从相关文献、CEPPO(化工应急准备与预防办公室)报告、HSE 报告、MARS(重大事故报告系统)数据库中精选出 207 个化工事故样本，对多米诺效应事故

与非多米诺效应事故进行了统计分析。在选择事故样本的过程中，为了缩小样本之间的不一致性，事故样本主要考虑发达国家与地区，时间主要集中在过去 40 年。事故严重程度用死亡指标衡量，事故样本既考虑固定装置，也考虑运输装置，例如加工装置、储罐、管道运输、铁路运输、公路运输以及船运，装置类型包括石油炼化、成品油加工、化肥制造以及精细化工等。样本的时间顺序分布如表 1-5 所示。

表 1-5　事故样本时间分布

时间段	事故数	百分比/%
截至 1969	17	8.2
1970～1979	42	20.3
1980～1989	74	35.7
1990～1998	74	35.7
总计	207	100

Kourniotis 提出多米诺场景频率与危险化学品类型相关，蒸气烃类较液体燃料更危险，假设工业事故的严重程度主要取决于主要涉及的化学物质。因此，根据主要涉及的化学物质的特征，可进行如下分类：

(1)液体燃料(如原油，汽油，煤油，石脑油)；

(2)蒸气烃(其分子中最多含有四个碳原子的碳氢化合物)；

(3)有毒物质(如氯，氨，农药)；

(4)其他(所有未包括在上述类别中的物质)。

对于所研究的事故，发生多米诺效应事故所涉及的化学物质统计结果如表 1-6 所示。

表 1-6　多米诺效应事故主要涉及化学物质统计表

类别	液态能源	蒸气烃类	毒性物质	其他	总计
事故总数	43	50	45	69	207
至少一次扩展事故数(概率)	21(0.488)	29(0.580)	7(0.156)	23(0.333)	80(0.386)
至少两次扩展事故数(概率)	8(0.186)	14(0.280)	2(0.044)	10(0.145)	34(0.164)

从表 1-6 可以看出，物质属性与多米诺效应事故的发生相关性很大。所有统计样本中，多米诺效应事故总的发生概率为 0.386；可燃物质(烃类)很容易引起多米诺效应事故，蒸气烃类经常处于高压状态，最容易引起多米诺效应事故(0.58)；毒性物质引起多米诺效应事故的概率相对较低，合理的解释是火灾、爆炸等剧烈现象与易燃、易爆物质相关，容易导致邻近设备的破坏失效，而毒性物质可能经过扩散会覆盖一个广泛的区域，但不会直接导致设备的破坏失效。研究还对多米诺效应事故与非多米诺效应事故的 $F-N$ 曲线进行了对比分析，表明多米诺效应事故容易造成更大的事故后果影响。

表 1-7 显示了不同类别事故的分布情况，约三分之一事故发生在装卸作业期间。由于装卸作业涉及大量危险物质，且作业中人为因素(即人为失误的可能性)起决定性影响，装卸

作业被认为是高度危险的，在所有发生在固定装置和危险物质运输过程的事故中，约有8%发生在装卸作业阶段。同样，机动作业常导致27%的事故，这是由于港口水域船舶运输困难，在这类地区有可能出现异常交通状况，且同样有可能发生人为失误导致的事故。就事故发生地点而言，40%的事故发生在海上，而只有21%发生在陆地(储存＋加工＋运输)，剩下的39%发生在海陆"交界面"(装卸＋维护)，这是港口作为工业区的一个特殊特征。

表1－7 事故作业类型分布

作业类型	事故数	百分比/%
装货卸货	280	34
操纵控制	224	27
进场	108	13
储存	101	12
运输	56	7
维护	40	5
加工	19	2
总计	828	100

2010年，西班牙学者 R. M. Darbra 等以英国 HSE 的 MHIDAS(重大危害事件数据服务)数据库为主，同时考虑欧盟的 MARS 数据库、荷兰的 FACTS(失效与事故技术信息系统)数据库以及法国的 ARIA(事故分析研究信息)数据库，对多米诺效应事故进行了详细的统计分析。事故样本的选择遵循四条原则：

(1)事故场景主要针对加工、装卸载、交通运输以及存储；

(2)排除恶意破坏、恐怖活动、军事设施以及传统炸药，因为它们均属于特殊类型的事故；

(3)符合多米诺效应事故的定义；

(4)排除1961年之前的数据(数据未记录或丢失)。

按照上述四条基本原则，通过详细筛选，总共得到225条多米诺效应事故记录。按时间、地域、物质类型、事故原因、发生场景进行统计分析的结果如表1－8所示。

表1－8 多米诺效应事故统计表

时间分布		地域分布		物质类型分布	
分类	百分比/%	分类	百分比/%	分类	百分比/%
1961～1970	22	欧盟	25	LPG	26.7
1971～1980	31	其他发达国家	56	原油	11.1
1981～1990	28	其他	19	汽油	10.7
1991～2000	11			石脑油	6.2
2001～2007	8			柴油	5.3

事故原因分布		发生场景分布		物质类型分布	
分类	百分比/%	分类	百分比/%	分类	百分比/%
外部事件	30.7	存储	35.1	甲苯	4.0
机械失效	28.9	加工	28.4	氯乙烯	4.0
人因	20.9	运输	18.7	乙烯	3.6
影响失效	17.8	装卸载	13.3	环氧乙烷	3.1
剧烈反应	9.3	仓库	6.2	天然气	3.1
仪表失效	3.6	商业	4.0	液氯	3.1
工艺条件失效	2.2	废物处理	0.4	甲醇	2.7
服务失效	1.3				

表 1-8 中，时间分布表明，1961 年到 1980 年之间，总体是上升的趋势。1981 年到 2007 年之间，总体是下降的趋势，主要原因是从 60 年代开始，化学工业快速发展，并且事故信息的获取也逐渐透明。90 年代之后，由于安全问题的广泛关注以及安全文化、安全管理与安全技术的应用，使安全形势逐渐好转。地域分布中，其他发达国家包括澳大利亚、加拿大、日本、新西兰、挪威与美国，尽管因为信息完整性的原因，事故样本的选择比较偏向于发达国家，但是发达国家大量大规模工厂以及大量危险物质的储存与运输，在一定程度上使事故发生的可能性提高。另外，研究还对多米诺效应事故的发生扩展序列进行了详细的统计分析，将事故类型分为泄漏、火灾、爆炸、气云四类，气云不作为初始事故统计，因为可燃气云如果点燃产生力学作用，则视为爆炸事故类型，如果可燃气云点燃不产生力学作用，则视为火灾事故类型，并且毒性气云不会产生事故扩展。泄漏是否作为初始事故类型是比较有争议的，因为很多的火灾、爆炸事故类型的产生前提也是危险物质的泄漏，图 1-1 是不考虑泄漏作为初始事故的多米诺效应事件树。

根据图 1-1 分析，225 个事故样本中，193 个事故只涉及 1 阶扩展，其余 32 个事故涉及至少 2 阶扩展，两者的比值约等于 6，比 S. P. Kourniotis 等的统计结果高很多，如果考虑泄漏作为初始事故，则比值约等于 1.4，与 S. P. Kourniotis 等的统计结果相近。

2003 年，西班牙学者 A. Ronza 等调查了港口区的 828 个事故案例，其中与多米诺效应相关的事故有 108 个，并且发现发生频率最高的事故序列依次为火灾→爆炸、泄漏→火灾→爆炸、泄漏→气云→爆炸。2008 年，西班牙学者 Mercedes Gomez - Mares 等分析了喷射火与多米诺效应事故之间的关系，发现 84 个事故样本中，喷射火作为初始事故的样本占到 50%。2011 年，伊朗学者 Bahman Abdolhamidzadeh 等分析了 224 个多米诺效应事故案例，发现火灾作为初始事故占到 43%，爆炸作为初始事故占到 57%，其中池火灾占到火灾事故类型的 80%，蒸气云火灾占到 12%，喷射火占到 8%，VCE（蒸气云爆炸）占到爆炸事故类型的84%，物理爆炸占到10%，粉尘爆炸占到6%，研究还指出尽管BLEVE(沸腾液体扩展蒸气爆炸)很少成为多米诺效应的初始事故，但它经常是其他火灾、爆炸事故类型的扩展事故，并且很容易造成进一步的事故扩展。

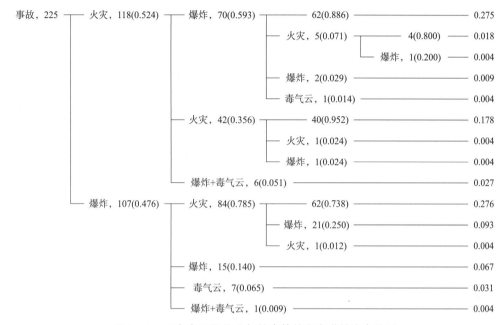

图1-1 不考虑泄漏作为初始事故的多米诺效应事件树

2012年，Chen统计了1951年至2012年期间发生的多米诺效应事故，分析其主要因素，如事故分布、原因、涉及物质以及多米诺序列等。据统计，发达国家共发生226起多米诺效应事故(71.1%)，发展中国家共发生92起多米诺效应事故(28.9%)(表1-9)，约41.8%的多米诺效应事故发生场所为储罐区(表1-10)，易燃物质是多米诺效应中最常见的物质，在所有318个样本中，有237起事故案例与易燃物质有关，最危险的特定易燃物质是LPG(表1-11)。

表1-9 发展中国家多米诺效应事故起数

时间段	事故起数		百分比/%
	总数	发展中国家	
1951～1960	14	0	0.0
1961～1970	49	2	4.1
1971～1980	71	15	21.1
1981～1990	66	16	24.2
1991～2000	31	13	41.9
2001～2012	87	46	52.9
总计	318	92	28.9

表1-10 多米诺效应事故发生区域

区域	事故起数	百分比/%
储罐区	133	41.8
生产区	107	33.7
运输过程	48	15.1
装卸过程	30	9.4

表1-11 涉及多米诺效应事故的物质

物质	具体物质	事故起数	百分比/%
易燃物质	LPG	72	22.6
	汽油	31	9.7
	原油	30	9.4
非易燃物质	氯	10	3.1
	无水氨	5	1.6
	硝酸盐	5	1.6

2014年，Hemmatian统计了1961年至2014年期间发生的330起多米诺效应事故，发现最易发生多米诺效应事故的装置（单元）依次为常压储罐（18.6%）、铁路/公路槽车（13.5%）、过程容器（10.3%）、管道/阀门（9.6%）、压力储罐（9%）。造成事故的主要原因分布见表1-12，其中，由于引发一起多米诺效应事故的主要原因可能不止一项，表中百分比总和并不为100%。

表1-12 多米诺效应事故主要原因分布

主要原因	事故起数	百分比/%
机械故障	103	35.2
外部事件	86	29.4
人为因素	72	24.6
冲击失效	49	16.7
剧烈反应	25	8.5
仪器故障	13	4.4
服务失效	5	1.7

2015年，Hemmatian对127起与BLEVE（沸腾液体扩展蒸气云爆炸）相关多米诺事故统计分析，绘制了概率事件树图，并指出事故延时从一分钟到几小时不等，需重点关注应急疏散与消防安全距离。

2019年，Zhang Mingguang对1970年至2017年期间储罐区的165起多米诺效应事故进行统计分析，构建了多米诺效应场景概率模型。考虑泄漏作为初始事故条件下，最常见的一级多米诺效应事故为泄漏火灾、泄漏爆炸、爆炸火灾，最常见的二级多米诺效应事故为泄漏→爆炸→火灾、泄漏→扩散→爆炸、泄漏→火灾→爆炸。

通过对上述研究进行总结，多米诺效应事故具有以下规律：

(1)事故地理位置分布　统计中的大多数多米诺效应事故发生在发达国家，原因是发达国家存在大量大规模工厂以及储存与运输大量危险物质。

(2)事故时间分布　1980年以前多米诺效应事故逐渐增多，1980年到2000年之间多米诺效应事故逐渐减少，2000年之后多米诺效应事故又逐渐增多。

(3)涉及物质　易燃易爆物质是最常见的涉及多米诺效应的物质，轻质石油类产品(LPG、汽油、原油等)是主要常见的涉及多米诺效应的易燃易爆物质。

(4)事故原因　外部事件、机械失效和人为因素是造成多米诺事故的主要原因。

(5)事故易发过程/区域　"生产区""储罐区""运输过程"和"装卸过程"属于多米诺效应事故高发区。

(6)事故序列　在不考虑泄漏作为初始事故的前提下，最常见的引发多米诺效应的初始事故为火灾、爆炸，池火灾是引发火灾多米诺效应事故最常见的类型，VCE是引发爆炸多米诺效应事故最常见的原因，最常见的一级多米诺效应事故为"火灾→爆炸"和"爆炸→火灾"，最常见的二级多米诺效应事故为"火灾→爆炸→火灾"和"爆炸→火灾→爆炸"。

发生在许多重大事故中的多米诺效应事故，显著增加了事故的复杂性及其最终后果。虽然近年来学者对其研究兴趣有所增加，但与其他方面的工业事故相比，对多米诺效应事故的关注仍然较少，这就是人们多米诺效应事故的主要特征仍然知之甚少的原因。

1.3　多米诺效应事故场景升级

基于事故统计文献与事故案例的分析表明，所有的多米诺效应事故后果至少包括3个共性特征：①一个初始事故场景，引发多米诺事故后果；②初始事故的传播，即由于主要事故场景产生的升级向量导致至少一个二级设备的破坏；③一个或多个关于破坏设备的二级事故(例如：火灾、爆炸、有毒物质泄漏等)。因此，如果发生多米诺效应事故，必然出现主要事故场景的升级，导致一个或更多的二级事故场景。

1.3.1　多米诺效应事故初始场景

历史事故表明任何可能导致有害物质释放或可能因内部爆炸而直接释放能量的设备(受限空间爆炸、BLEVE等)都有可能被视为多米诺效应事故的可能来源。关于识别多米诺效应事故"触发因素"的真正意义在于评估主要事故情景的升级潜力，由于工业事故数据库中的数据通常缺乏细节，收集此问题相关的详细数据并不简单。表1-13显示了引发多米诺效应事故的主要情景类别的一些数据，这些数据来源于对重大危险事件数据服务数据库(MHIDAS)中100个多米诺效应事故的分析。一些主要场景在触发多米诺事故(池火灾和爆炸)方面发挥了重要作用,而另一些场景即使是非常频繁的事故场景(例如喷射火灾、火球等),似乎也有微小的升级可能。因此,升级潜力既与主要事故场景的预期频率有关,也与它们的特征有关,闪火和火球的有限持续时间限制了这些场景造成结构破坏的可能性。

表 1–13　导致 100 起多米诺事故升级的物理影响因素

初始场景	事故	升级向量		
		热辐射	超压	碎片
VCE	17	0	16	1
机械爆炸	17	0	10	7
BLEVE	13	0	0	13
火球	1	1	0	0
喷射火	8	8	0	0
池火	44	44	0	0
闪火	0	0	0	0

但是,要将这些观察结果转化为数量标准,就需要识别和分析可能从主事故单位触发的所有相关主要场景。Cozzani 介绍了一种基于用于升级的固有安全阈值和简化的危害和后果分析的多米诺潜在场景来源的排序方法,并提出表征由给定初始单元触发的升级场景的多米诺风险指标,以及计算和使用多米诺指标初步评估由独立布局的单元引起的多米诺风险。多米诺效应事故升级必须考虑的 3 个升级向量为:热辐射、超压、碎片。有毒物质泄漏被排除在升级向量之外,主要原因是即使初始事故发生后有毒物质泄漏,由于应急程序或管理出现失误,引起升级效应,也并不能直接造成失控或二次装置损坏。

1.3.2　多米诺效应二级事故场景

多米诺事故序列中的二级事故场景是由一个或多个目标单元的损坏引起的,这是由初始事故产生的物理影响(升级向量)造成的。因此,多米诺事故的目标单元是具有潜在(如果损坏)触发二级事故场景可能的工厂设备。但是,如上所述,目标单元的损坏所引起的二级事故场景应足够严重以使事故升级,这将可能导致仅将相关的有害物质泄漏(如果损坏)的设备识别为潜在目标单元。Khan 和 Abbasi 系统地探讨了导致多米诺效应的主要事故传播和升级的特征,确定了两种主要传播和升级模式:直接升级与间接升级。

直接升级是由热辐射、超压和碎片抛射等因素对目标单元造成直接损伤引起的。表 1–14 显示了不同类别的初始场景引发的升级向量,必须考虑三个升级向量(通常是同时刻的):热辐射和/或火焰冲击、超压和碎片抛射。可以使用标准的或高级的结果分析模型来评估升级向量的强度。可能产生的二级事故场景包括:池火、喷射火、火球、闪火、机械爆炸、约束爆炸、BLEVE、VCE、有毒物质泄漏。

表1-14 引发多米诺效应事故升级的因素及可能产生的二级事故场景

初始事故场景	事故升级向量	可能产生的二级事故场景
池火	火灾热辐射，火焰冲击	池火，喷射火，BLEVE、有毒物质泄漏
喷射火	火灾热辐射，火焰冲击	池火，喷射火，BLEVE、有毒物质泄漏
火球	火灾热辐射，火焰冲击	罐区火灾
闪火	火焰冲击	罐区火灾
VCE	火焰冲击，爆炸冲击波	池火，喷射火，火球，闪火，机械爆炸、约束爆炸、BLEVE、VCE、有毒物质泄漏
BLEVE	碎片，爆炸冲击波	池火，喷射火，火球，闪火，机械爆炸、约束爆炸、BLEVE、VCE、有毒物质泄漏
约束爆炸	爆炸冲击波	池火，喷射火，火球，闪火，机械爆炸、约束爆炸、BLEVE、VCE、有毒物质泄漏
机械爆炸	碎片，爆炸冲击波	池火，喷射火，火球，闪火，机械爆炸、约束爆炸、BLEVE、VCE、有毒物质泄漏
凝聚相爆炸	爆炸冲击波	池火，喷射火，火球，闪火，机械爆炸、约束爆炸、BLEVE、VCE、有毒物质泄漏

注：在初始事故场景中，设备在发生 BLEVE 破坏失效后，可能会产生次生事故(包括池火灾、火球、有毒介质泄漏等)。

由于初始场景的影响，单元或工厂部分失去控制可能会触发间接升级场景。例如，一个控制室受到冲击波的破坏，或未经训练的操作员由于有毒物质扩散或火灾而逃跑，可能导致事故发展失去控制。如果主要事故影响到附近一家由不同公司运营的工厂，这种情况会增加多米诺事故发生的可能性(例如，有毒云团对只存在易燃物质的工厂的影响，或冲击波对只存在有毒危险的工厂的影响)。实际上，如果没有集群安全管理，或者现场安全管理人员之间没有有效的信息交换，目标工厂的操作员可能无法很好地面对源于其工厂之外的主要场景带来的影响。在这种情况下应该注意，通过自动或手动激活通用的缓解障碍系统(如紧急停机系统)，应该能够防止失控导致的间接传播。因此，应评估间接升级的可能性，包括工厂的应急管理系统以及纳入考虑的工业区内不同公司之间的信息交换能力。

第2章 多米诺效应事故成因

由于化工园区通常聚集大量的危险设备单元，当其中一个或多个设备单元发生火灾或爆炸事故时，极有可能导致邻近的设备单元也发生破坏失效，产生多米诺效应事故，造成非常严重的事故后果，众多事故案例已经证明了多米诺效应事故发生的可能性与危险性。

关于"多米诺效应"的定义有多种，目前 Reniers 和 Cozzani 提出的多米诺效应的定义被广泛接受：多米诺效应为一个突发的初始事故，扩展至邻近的设备单元，按顺序同时触发一个或多个二级事故，进而可能触发更高层级事故，导致整体事故后果比初始事故后果更严重的事件。当自然灾害导致初始设备单元发生破坏失效后，初始设备单元产生的火灾爆炸事故的致灾因子会对影响范围内的目标设备单元产生影响，导致邻近的目标设备单元发生破坏失效，进而诱发化工园区系统内部多米诺效应事故链。

根据定义，多米诺效应的核心是事故扩展升级与事故后果扩大，含有三个主要特征：①初始事故场景及其物理效应，如火灾热辐射、爆炸冲击波、爆炸碎片等；②初始事故影响范围内存在受影响的目标设备单元，导致一个或多个二级事故；③目标设备单元失效后的二级事故场景导致事故后果扩大。其中初始事故场景可能是由园区企业内部原因(如机械故障、人为失误、设备老化)、自然灾害(如雷电、洪水、地震)或人为事件(如恐怖袭击、蓄意破坏、犯罪活动)造成的。

1992 年，印度学者 P. Latha 等详细讨论了火灾热辐射引起多米诺效应事故的基本原理及其建模方法与建模复杂性。研究指出火灾远距离热辐射或直接火焰影响都有可能造成工艺装置或设备的完全破坏失效，例如热辐射引起压力蒸汽在储罐罐顶的释放，遇到点火源产生喷射火灾，导致设备缓慢破裂。并且现代化工工艺装置非常复杂，多是连续工艺，因此，很容易发生多米诺效应事故。

多米诺效应事故的发生有很多的不确定性，因此，需要联合使用确定性方法与概率方法对事故的多米诺效应过程进行建模。基于历史数据统计分析的概率模型可以评价事件的发生频率、设备的可靠性、碎片抛射的方向以及点火的可能性等。确定性模型可以描述气体与液体的泄漏释放以及扩散过程、气云的形成过程、火灾热辐射强度、爆炸冲击波超压强度以及容器破裂等现象。多米诺效应事故的研究需要描述破坏载荷在初始事故单元与扩展事故单元之间的交互，并导致目标容器破坏失效的过程与原理。其中，建模的复杂性主要包括如下几个方面：

(1)新事件发生的并行过程；

(2)过程的瞬态转变；

(3)传热与传质的同步过程；

(4)多相系统；

（5）初始事故火灾热辐射强度的不确定性；

（6）火灾热辐射影响下目标容器复杂的应力 – 应变模式；

（7）复杂大型装置事件链的辨识。

1998 年，印度学者 Faisal I. Khan 与 S. A. Abbasi 在前人相关研究工作的基础上，系统地分析了多米诺效应事故的基本原理，并提出了多米诺效应事故定量风险评价新方法。研究指出触发多米诺效应事故的初始事故主要包括火灾、爆炸（冲击波、碎片）、毒气泄漏以及火灾与爆炸的同时发生和交互过程。图 2－1 描述了过程工业典型的多米诺效应事故过程，图 2－2 描述了多米诺效应事故的基本原理。

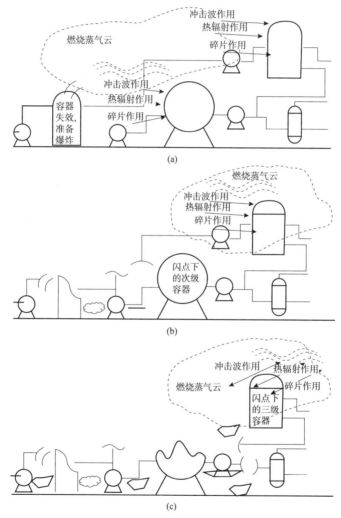

图 2－1　过程工业典型多米诺效应事故过程示意图

2.1　火灾热辐射效应

火灾引起目标设备发生多米诺效应事故的方式主要包括两种：①直接火焰引燃；②火

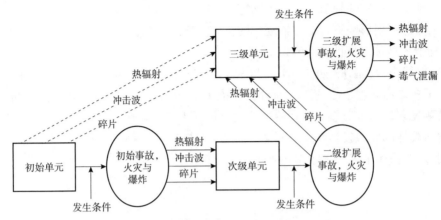

图2-2 多米诺效应事故基本原理示意图

灾热辐射。火灾是空气存在条件下化学物质的非受控氧化，并产生热量。一个单元发生的火灾热辐射有足够的能量引起附近其他单元结构材料的强度下降，或者通过加热密闭容器储存的液体物质或气体液化物质使容器内部压力不断升高，最终导致设备破坏失效。火灾建模主要包括火焰高度的预测、火焰的合并现象、风速对火焰的影响以及火灾热辐射强度的计算等。火灾是化学工业经常发生的一类事故，据估计，重大火灾的影响范围可以达到200m，而工艺装置单元之间的距离一般在 50~150m 之间，因此，对设备在火灾热辐射影响下的破坏失效规律进行研究，有非常重要的意义，其中气象条件、火焰形状、目标设备的位置与方向以及目标设备储存物质的状态等都是建模研究的关键参数。图 2-3 是火灾热辐射触发多米诺效应事故的概念模型。

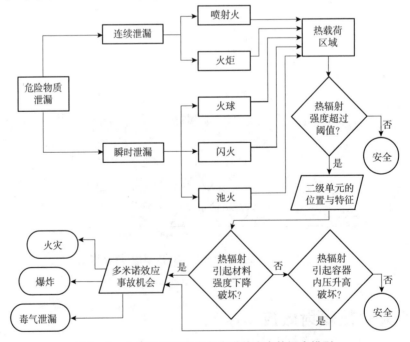

图2-3 火灾热辐射触发多米诺效应事故概念模型

多米诺效应事故的发生类型与初始单元的事故特征和目标单元的设备特征相关。实验研究表明，37.5kW/m² 的热辐射强度足够引起其他设备在常压操作条件下的破坏失效。另外，储存液化可燃气体的设备在外部火灾热辐射的影响下，很容易发生 BLEVE 事故。

2.2 爆炸冲击波效应

目标设备在爆炸冲击波的影响下很容易发生屈服、倒塌、破裂、位移等破坏失效，同时在爆炸冲击波的作用下，很多安全附属装置也很容易发生故障，例如安全阀、阻火器等。爆炸是能量的快速、剧烈释放过程，过程工业的能量释放可能是物理方式，也可能是化学方式。爆炸的潜在危害与能量的释放速度相关，容器内压升高，壳壁由于裂纹而突然破裂发生的爆炸事故即为物理方式的能量释放过程。伴随爆炸产生的热量有时候是非常巨大的，其破坏能力有可能超过爆炸本身，尤其可能导致液化气体的过热而产生闪蒸危害。特殊类型的化学反应也可能导致爆炸事故的发生，例如可燃气体的燃烧或者反应产物在失控条件下的分解。可燃气体燃烧导致的爆炸有两种类型，爆燃与爆轰。爆燃类型的气体混合物燃烧速度相对较低，烃类与空气混合物的爆燃速度一般在 1m/s 的量级。爆轰过程中，火焰前端类似于冲击波，其后紧随燃烧过程，释放能量以支持火焰前端的快速运动，其速度可以达到音速的量级，有时是超音速的，烃类与空气混合物的爆轰速度可以达到 2000 ~ 3000m/s。爆轰会产生很大的空气压力，因此比爆燃更具危害性，有时爆燃也可能转化为爆轰。

爆炸的破坏方式主要是冲击波，其形成原理主要是伴随爆炸产生的空气压力的快速上升。爆炸冲击波从爆源快速地以高压方式向外扩张，当扩张一定的距离后，其速度会达到一个常数极限，超过声速。爆炸冲击波的波形有一个特点，压力快速上升到峰值后，缓慢衰减，随着冲击波的不断向外扩张，峰值压力逐渐下降。距爆源一定的区域范围内，超压过后会产生负压，但负压非常弱。Friedlander 提出的峰值超压 p^0 与爆炸后不同时刻的超压相关，关系式（2 - 1）如下：

$$p = p^0 (1 - t/t_d) \exp(-\alpha t/t_d) \tag{2-1}$$

式中，p 表示爆炸冲击波超压；p^0 表示爆炸冲击波峰值超压；t 表示时间；t_d 表示爆炸冲击波持续时间；α 表示衰减系数。

事故研究表明，0.7atm 的爆炸冲击波超压就有可能导致目标设备的破坏失效或人员伤亡，过程工业爆炸冲击波的传播距离可以达到几百米。研究表明，爆炸冲击波导致的目标设备破坏失效概率与目标设备的特征，包括结构材料、储存物质类型、连接方式、操作条件以及爆炸冲击波的作用方式相关，因此，在低于 0.7atm 的条件下也有可能发生多米诺效应事故，因为目标设备本身可能强度不够或者存在腐蚀、裂纹、疲劳等缺陷。图 2 - 4 是爆炸冲击波触发多米诺效应事故的概念模型。

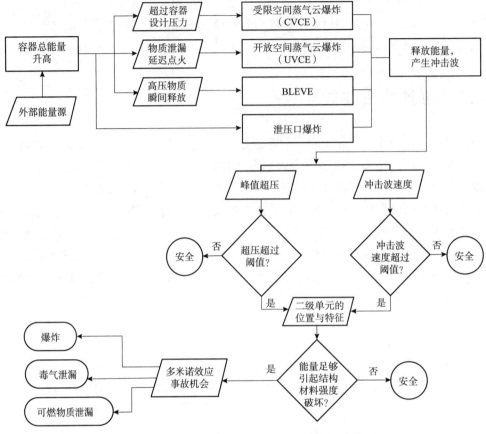

图2-4 爆炸冲击波触发多米诺效应事故概念模型

2.3 爆炸碎片效应

爆炸碎片对目标设备的破坏方式主要包括穿透容器、切断管道或支撑结构以及碎片高温引起的点火或加热作用。当容器或管道发生爆炸时，壳壁破裂生成碎片，并产生抛射运动。抛射的碎片可以分为原始碎片与次级碎片，原始碎片直接指容器爆炸生成的碎片，次级碎片指冲击波运动过程中其他结构破裂生成的碎片。原始碎片的产生有三种方式：

（1）容器破裂生成大量碎片；

（2）容器主体与封头的分离；

（3）容器部件的抛射。

容器爆炸破裂生成碎片的数量，其变化范围很大：当储存压力气体或液化气体的压力容器爆炸破裂时，生成的碎片较多；另一种情况，可能仅仅是高压系统阀门部件的抛射。碎片的产生可能仅是常压条件下结构或材料内部缺陷造成的，但是由于燃烧或反应失控造成压力容器内部压力升高，更容易产生碎片，如果结构或材料内部存在缺陷，则会进一步提高碎片产生的可能性。容器碎片的生成机理既可能是韧断，也可能是脆断，脆断经常会产生大量的碎片，但韧断具有更强的破坏能力。

爆炸碎片能否造成事故扩展取决于其是否有足够的能量造成目标设备的破坏失效。碎片初始速度是碎片产生时受力的函数，或者是能量转换的函数。碎片的受力大小与碎片的产生方式相关。针对储存压力气体或液化气体的压力容器而言，超压的产生可能是缓慢的，也可能是瞬时的。作用于碎片的力可以分为两种，一种是内部气压与外部空气压力的差值，另一种是动态压力，如风的影响。压力差作用时间很短，碎片加速度的变化主要受动态压力的影响。爆炸碎片对目标设备的影响主要是造成容器物质泄漏，但是也有可能引起火灾或爆炸事故，因为 BLEVE 事故产生的碎片携带有很高的温度。对比分析火灾与爆炸事故对目标设备产生的破坏作用可以看出，尽管爆炸事故的发生频率比火灾事故的发生频率低，但是爆炸事故既可能产生冲击波与碎片破坏，也可能产生热辐射破坏，因此，爆炸事故比火灾事故更有可能触发多米诺效应事故。图 2-5 是爆炸碎片触发多米诺效应事故的概念模型。

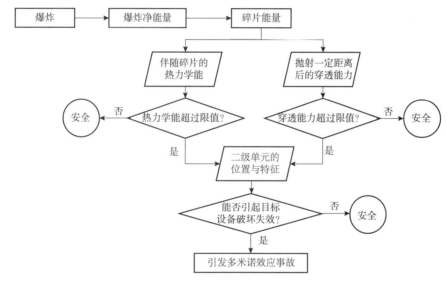

图2-5 爆炸碎片触发多米诺效应事故概念模型

2.4 其他导致事故升级的因素

毒气泄漏触发多米诺效应事故的基本原理是一线操作人员在毒气影响下，无法正常完成既定工作，或者操作失误导致扩展事故的发生，是一类间接的多米诺效应事故。随着工厂自动化程度的不断提高，一线操作人员的数量不断下降，毒气泄漏影响的作用逐渐减小，但是对于工艺技术相对落后的企业，毒气泄漏导致的间接多米诺效应事故仍有相对较高的发生可能性。

关于毒气泄漏触发的多米诺效应事故分析，2010 年，孙东亮等基于泄漏源模型、气云扩散模型、人员死亡概率模型以及人因失误等理论提出了化工装置毒物泄漏后果评价体系，获得了间接多米诺效应事故发生概率的求解方法。但是需要指出的是，在意大利学者 Valerio Cozzani 等提出的多米诺效应事故定量风险评价技术体系中，并没有考虑毒气泄漏的作用，因为毒气泄漏并不会造成目标设备的直接破坏失效。

另外，根据实践经验，由于连续工艺装置的工艺连锁效应而产生的多米诺效应事故也逐渐被认识。2011 年，范志勇对由于工艺连锁效应而造成的事故扩展进行了一定的分析。化工连续工艺装置工艺连锁效应就是指当化工连续工艺装置发生事故后，其自身工艺状况也发生变化，从而使得同一生产工艺流程的其他装置也发生了较大的变化，当其变化超出了装置的安全极限时，最终会导致其他装置的二次事故发生。工艺连锁效应根据装置是否发生事故可分为：

（1）原装置内工艺参数由于原装置的故障而发生变化，经过下游装置的工艺其变化越来越大，最终使得某一下游装置内的工艺状态达到事故状态；

（2）当原装置发生事故后，装置结构损坏，在整个工艺流程中，设计承担的工艺功能就无法完成，并且也破坏了与之相连接的装置的正常工艺条件，从而导致事故产生。

第3章 火灾热辐射效应

3.1 概述

本章专门分析火灾热辐射或火灾吞没引发的多米诺效应事故。这类事故场景发生概率高，且往往会导致严重后果。根据1961年到2010年间的事故统计发现，火灾是多米诺效应事故发生的主要初始事件，受影响的二级目标设备主要是承压罐、常压罐、工艺容器和管道。作用到目标设备的热载荷主要有热辐射和热对流。当目标设备接受热载荷时，目标容器外壳加热，热量转移到液体和蒸气中，壁温和内部流体温度同时升高，气相加热和液相蒸气压升高导致内部压力上升，同时，设备外壁强度随温度升高而下降，最终导致破坏失效。其中，热载荷取决于初始设备的不同故障类型产生的泄漏方式（即溢出泄漏、气相喷射、液体喷射、两相流喷射等）。

3.2 火灾热辐射环境下过程设备的热响应

3.2.1 导致多米诺效应升级的过程工业火灾

火灾类型及其作用强度是影响目标设备动态温度分布特性的关键。过程工业火灾可能具有非常不同的典型特征，主要受泄漏率及其时间、易燃物质燃烧类型、储存和排放条件、周围结构和设备，以及周围的风力条件等因素影响。按照多米诺效应升级场景相关影响因素，将导致多米诺效应升级的过程工业火灾类型归纳为6类：受限喷射火、开放喷射火、受限池（罐）火、开放池火、火球和闪火。各类火灾引发多米诺效应升级的作用形式可分为两类：一类是火焰直接冲击，另一类是近距离或远距离的热辐射作用。

1. 喷射火及其热危害预测

装有易燃气体或液体的压力容器或其附属设备发生泄漏，被点火后就会发生喷射火。喷射火是高动量湍流扩散燃烧火焰，在泄放方向上可能会产生相当长的长度，其持续时间也可能达数小时，因此，高动量喷射火持续产生的火焰冲击或强热辐射很容易造成周围设备的热失效，引发多米诺效应事故升级。

考虑到喷射火对多米诺效应升级影响的两个方面即火焰冲击和热辐射作用，在预测其危害范围时需要计算火焰几何尺寸（主要是长度和推举距离）和火焰周围的热辐射情况。在火焰高度预测研究方面，国内外学者已通过大量实验研究发展了较为成熟的经验或半经验模型，学术界较为认可、工程中广泛应用的火焰高度预测模型是Delichatsios提出的基于火焰弗劳德数的半经验模型，该模型适用于从完全浮力控制到完全动量控制的喷射火。在火焰推举距离研究方面，国内外主要通过不同燃料的喷射火实验研究，得到无量纲推举距离和无量纲速率之间的线性关系建立预测经验模型。

关于喷射火热辐射预测的半经验模型已经有了很大的发展，主要包括四种重要模型：单点源模型（Point Source Model）、权重多点源模型（Weighted Multi - Point Source Model）、固体火焰模型（Solid Flame Model）和线源模型（Line Source Model）。单点源模型是一种将喷射火焰的几何中心模拟成一个虚拟的单点源，以虚拟点源的热辐射量来代替整个火焰的热辐射量，模型过于简化，仅适用于远场、可忽略火焰几何形状的热辐射预测。此后，Hankinson 和 Lowesmith 对于近距离喷射火热辐射分数的分析提出了权重多点源模型，此类模型可用于预测近场的辐射热流。固体火焰辐射模型把火焰假设为圆柱或圆锥等简单固体形状，辐射能量从火焰表面发射出。早期学者考虑到简化视角因子的计算，提出了圆柱体型固体火焰模型。后来，Chambeilain 提出了平截头锥体火焰模型，并对其视角因子进行了推导计算，考虑了外界风对喷射火的热辐射强度的影响，更符合实际情况，但由于模型几何形状相对复杂导致视角因子计算比较困难。国内学者周魁斌等通过结合火焰形状尺寸和辐射特性，建立了封闭的线源辐射模型，该模型在近场热辐射预测效果方面有所提高。线源型假设辐射能量全部来源于喷射火焰体的中心线，需要通过合理假设火焰的形状并计算单位长度辐射力。四种典型的热辐射预测模型示意如图 3–1、表 3–1 所示。

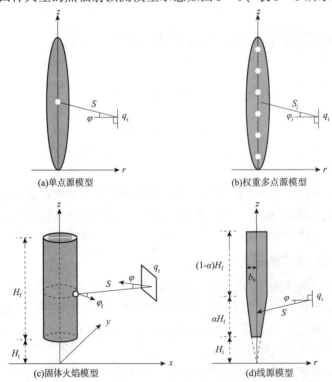

(a)单点源模型 (b)权重多点源模型 (c)固体火焰模型 (d)线源模型

图 3–1　四种典型的热辐射预测模型示意图

（H_1 圆形源喷射火冲击距离，m；H_f 圆形源喷射火可见火焰长度，m；S 热源点到目标位置的距离，m；φ 热源点与目标之间的连线和目标面法线方向之间的夹角；q_t 目标接收热流密度，kW/m³）

表 3 – 1　四种典型的热辐射预测模型

热辐射模型类别	基本表达式	模型基本特点
(1)点源模型	$$q_t = \frac{\tau \chi_r \dot{m} \Delta H_c}{4\pi S^2} \cos\varphi$$	只适用于远场
(2)权重多点源模型	$$q_t = \sum_{j=1}^{N} \frac{w_j \tau \chi_r \dot{m} \Delta H_c}{4\pi S_j^2} \cos\varphi_j$$ 式中，$w_j = \begin{cases} jw_1 & j = 1,\ \cdots,\ n \\ \left[n - \dfrac{(n-1)(j-n-1)}{N-(n+1)}\right]w_1 & j = n+1,\ \cdots,\ N \end{cases}$	①适用于远场和近场 ②存在轴向热源权重分布过于简化的问题
(3)固体火焰模型	$$q_t = FE\tau$$ 式中，$F = \dfrac{1}{\pi}\displaystyle\int_{A_f} \dfrac{\cos\varphi\cos\varphi_f}{S^2} dA_f$ $$E = \frac{\chi_r \dot{m} \Delta H_c}{A_f}$$	①适用于远场和近场 ②视角因子计算复杂 ③近场预测准确度受火焰形态假设影响较大
(4)线源模型	$$q_t = \int_{H_1}^{H} \frac{\tau E'}{4\pi S^2} \cos\varphi \, dz$$ 式中，$E' = \dfrac{\chi_r \dot{m} \Delta H_c}{\displaystyle\int_{H_1}^{H} \left(\dfrac{b_f}{b_0}\right)^2 dz} \left(\dfrac{b_f}{b_0}\right)^2$	①适用于远场和近场 ②近场预测准确度一定程度上受火焰体形态假设和最大周向线辐射力的轴向位置的影响

注：点源模型中，S 为目标到虚拟点源间距离换算的球面面积，m^2；φ 为连接线与目标点法线夹角，(°)；τ 为大气的热辐射透射率，χ_r 为热辐射分量，ΔH_c 为总热能，kW；权重多点源模型中，角标 j 表示第 j 个点源，N 表示点源数量，w_j 是第 j 个点源的权重；固体火焰模型中，F 为几何视觉因子，E 为火焰表面辐射能；线源模型中，H 是火焰升空高度，m；$\dot{m}$ 为质量变化率，kg/s。

2. 池火及其热危害预测

池火灾是指以可燃液体或易熔可燃固体为燃料的火灾，它是石化工业储罐区经常引发多米诺效应升级的一种火灾类型。典型的池火灾形态有油罐内池火灾和防火堤内池火灾。

1)池火灾形态

(1)油罐内池火灾

石油库储罐区储油罐遭雷击、高温高热引发爆炸，此时储罐内成品油尚未泄漏至防火堤内。由于油罐为弱顶结构，如遇雷电起火，首先会是在油罐顶被炸开，然后在油罐内形成池火灾。

(2)防火堤内池火灾

石油库储罐区储油罐或堤内输油管道破损、破裂，造成成品油大量泄漏至防火堤内，成品油遇火源或高热燃烧而形成池火灾。

2)池火灾计算模型

目前池火灾的计算模型可分为两类：场模型和半经验模型。

(1)场模型

又称计算流体力学模型(CFD 模型)，它是指运用计算流体力学中的 Navie – Stokes 方程控制的流体流动，同时结合描述火灾中化学及物理过程的分模型，来预测火灾的特性。

场模型的优点在于一旦确定典型池火灾的外形数据，结果能够达到相当高的置信度，但是，使用场模型的缺点在于需要专业人员且工作量大。

（2）半经验模型

它是通过无因次关系描述池火灾的几何和辐射特点，半经验模型中的关系式由大量的实验数据得出，如果没有超过有效范围，可以得到合理的预测，更多地应用于风险评估领域中。

常用的半经验计算模型有两种：

①第一种常用的半经验计算模型，其主要计算步骤如下：

设液池为一个半径为 r 的圆池子，液池发生池火灾时：

a. 池直径

当危险单元为油罐或油罐区时，可根据防护堤所围液池面积 $A_1(\mathrm{m}^2)$ 计算液池直径 D（m）：

$$D = (4A_1/3.14)^{1/2} \tag{3-1}$$

当危险单元为输油管道且无防护堤时，假定泄漏的液体无蒸发，并已充分蔓延且地面无渗透，则根据泄漏的液体量 $W(\mathrm{kg})$ 和地面性质，由式（3-2）计算最大可能的液池面积 $A_{\max}$：

$$A_{\max} = W/(H_{\min}\rho) \tag{3-2}$$

式中，$H_{\min}$ 为最小油层厚度，m（草地 0.020，粗糙地面 0.025，平整地面 0.010，混凝土地面 0.005，平静的水面 0.0018）；ρ 为泄漏物质的密度，$\mathrm{kg/m}^3$。

b. 池火灾高度

$$H = 84r\left[\frac{\mathrm{d}m/\mathrm{d}t}{\rho_0(2gD_\mathrm{y})^{1/2}}\right]^{0.6} \tag{3-3}$$

式中，H 为火焰高度，m；r 为液池半径，m；$\rho_0 = 1.293\mathrm{kg/m}^3$（标准状态）；$g$ 为重力加速度，$9.8\mathrm{m/s}^2$；$\mathrm{d}m/\mathrm{d}t$ 为燃烧速度；D_y 为当量圆直径，m。

c. 辐射能量

当液池燃烧时放出的总热辐射能量为：

$$Q = (\pi r^2 + 2\pi rH)H_\mathrm{c} \times V \times \eta/[72\,(\mathrm{d}m/\mathrm{d}t)^{0.6} + 1] \tag{3-4}$$

式中，Q 为总热辐射能量，$\mathrm{kW/m}^2$；H_c 为液体燃烧热，$\mathrm{kJ/kg}$；η 为效率因子，一般取 $0.13 \sim 0.35$。

d. 目标入射热辐射强度

假设全部辐射热量由液池中心点的小球面辐射出来，则在距离池火中心某一距离（X）处的入射热辐射强度（I）为：

$$I = Qt_\mathrm{c}/4\pi X^2 \tag{3-5}$$

式中，I 为热辐射强度，$\mathrm{W/m}^2$；t_c 为热传导系数，在无相对理想的数据时，可取值为 1；X 为目标点到液池中心距离，m。

②第二种常用的半经验计算模型，主要计算步骤如下：

a. 池火焰高度

$$H = 42D_y \left[\frac{m_f}{\rho_0 \left(2gD_y \right)^{1/2}} \right]^{0.61} \tag{3-6}$$

式中，符号含义同上。

b. 火焰表面热能量

假定能量由圆柱形火焰侧面和顶部向周围均匀辐射，用下式计算火焰表面的热通量：

$$q_0 = 0.25\pi D^2 \Delta H_c m_f f / (0.25\pi D^2 + \pi DL) \tag{3-7}$$

式中，q_0 为火焰表面的热通量，kW/m^2；ΔH_c 为燃烧热，kJ/kg；f 为热辐射系数（可取为 0.15）；m_f 为燃烧速率，$kg/(m^2 \cdot s)$。

c. 目标接收到的热通量的计算

目标接收到的热通量 $q(r)$ 的计算公式：

$$q(r) = q_0(1 - 0.058\ln r)v \tag{3-8}$$

式中，$q(r)$ 为目标接收到的热通量，kW/m^2；q_0 为火焰表面的热通量，kW/m^2；r 为目标到油区中心的水平距离，m；v 为视角系数。

3. 闪火及其热危害预测

闪火的热危害主要是 Raj 和 Emmons 提出的闪火热辐射计算模型。该模型认为闪火是以二维的，固定湍流燃烧速度传播的。其理论假设：在火焰传播过程中，假定云团的位置固定不变，云团内物质混合均匀。

闪火模拟计算过程如下：

（1）预测火焰高度

火焰高度与云团厚度、云团组分、燃烧速率有关，应用质量、动量和能量守恒关系，在实验的基础上得知燃烧速率与风速有关。求解火焰高度的半经验公式如下：

$$h_f = 20d \left[\frac{u_c^2}{gd} \left(\frac{\rho_a}{\rho_0} \right)^2 \frac{\omega\gamma^2}{(1-\omega)^3} \right]^{1/3} \tag{3-9}$$

式中，$u_c = 2.3u$，$\gamma = \frac{(1-\phi_{st})M_{air}}{\phi_{st}M_{fuel}}$，当 $\phi > \phi_{st}$ 时，$\omega = \frac{\phi - \phi_{st}}{\theta(1-\phi_{st})}$，当 $\phi \leqslant \phi_{st}$ 时，$\omega = 0$；h_f 为火焰高度，m；d 为云团厚度，m；u_c 为燃烧速率，m/s；ρ_a 为蒸气云密度，kg/m^3；ρ_0 为环境空气密度，kg/m^3；g 为重力加速度，m/s^2；γ 为浓度为化学剂量时空气与可燃物的质量比；θ 为浓度为化学剂量时可燃物燃烧的膨胀比（碳氢化合物一般取8）；u 为环境风速，m/s；ϕ 为可燃物的体积分数，%；ϕ_{st} 为可燃物的化学剂量浓度，%；M_{air} 为空气分子量；M_{fuel} 为可燃物分子量。

ω 与气云物质成分组成有关，当 $\omega = 0$ 时，云团浓度达不到闪火燃烧浓度，不会发生闪火。闪火的火焰形状与蒸气云形状、着火点在云团中的位置有关。若点火点在云团中心，则生成圆柱形的火焰。若点火点在云团边缘，火焰在传播的过程中呈横方向变化的平面。

（2）预测热辐射强度

闪火对邻近目标的热辐射影响与燃烧物质能量、空气透射率、视角因子有关，计算式如下：

$$I = I_0 \nu \tau \tag{3-10}$$

式中，I 为热辐射强度，kW/m^2；I_0 为表面辐射强度，kW/m^2；ν 为视角系数；τ 为大气透射率，在相对湿度大于 20% 的环境下 $\tau = \log(14.1 RH^{-0.108} x^{-0.13})$，在干燥晴朗的天气条件下，取 $\tau = 1$；RH 为相对湿度，%；x 为到目标物的距离。

3.2.2 基于集中参数模型的过程设备热响应

关于过程设备热响应的动力学模型可分为两类，一是以全尺寸或对称等分尺寸几何建模为基础的空间分布参数模型，二是以少量节点代替响应参数详细空间分布的集中参数模型。与前者复杂的偏微分方程相比，后者主要是常微分方程，求解过程相对简单。火灾环境过程设备破坏失效概率建模及多米诺事故防控，涉及分析与研究对象比较广泛，并且易损性理论核心也是不确定性量化，以集中参数模型为基础进行概率分析比较易于处理，所以将重点介绍采用集中参数模型方法构建火灾环境过程设备热响应与破坏失效理论模型。首先从相对简单的竖直钢板热响应出发，研究集中温度参数模型的构建过程和假设条件；然后构建火灾环境过程设备热响应与破坏失效通用基础模型。

1. 竖直钢板热响应

首先构建直接火焰接触竖直钢板热响应模型，然后对其扩展进行远距离热辐射分析，直接火焰接触模型又区分是否考虑空气对流换热与壁厚方向温度分布，如图 3-2 所示。

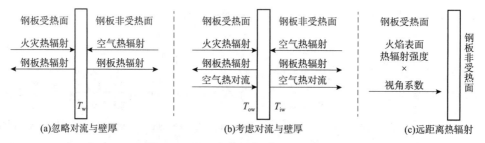

图 3-2 竖直钢板热响应模型示意图

1）直接火焰接触模型构建

（1）忽略空气对流换热与壁厚方向温度分布

假设一个长宽无限竖直钢板，单侧受火灾火焰直接接触影响，另一侧为无限空间，两侧空气充分且维持温度不变，即受热侧火灾稳定，非受热侧有足够低温空气散发钢板吸收热量。根据传热平衡与热辐射定律，当忽略空气对流换热及沿壁厚方向温度分布时，钢板平均温度 T_w(K) 时变化规律近似服从如下微分方程，示意如图 3-2(a)：

$$c_{\mathrm{w}}\rho_{\mathrm{w}}h_{\mathrm{w}}\frac{\mathrm{d}T_{\mathrm{w}}}{\mathrm{d}t} = (\alpha_{\mathrm{w}}\varepsilon_{\mathrm{f}}\sigma T_{\mathrm{f}}^4 - \varepsilon_{\mathrm{w}}\sigma T_{\mathrm{w}}^4) - (\varepsilon_{\mathrm{w}}\sigma T_{\mathrm{w}}^4 - \alpha_{\mathrm{w}}\varepsilon_{\mathrm{a}}\sigma T_{\mathrm{a\infty}}^4) \qquad (3-11)$$

式中，c_{w}表示钢板比热容，J/(kg·K)；ρ_{w}表示钢板密度，kg/m^3；h_{w}表示钢板厚度，m；α_{w}表示钢板表面吸收率；ε_{f}表示火焰发射率，假设火焰为黑体，取值1；σ表示黑体辐射常数，5.67×10^{-8} W/(m^2·K^4)；T_{f}表示火焰表面温度，K；ε_{w}表示钢板表面发射率；ε_{a}表示空气发射率；$T_{\mathrm{a\infty}}$表示非受热侧空气温度，取常温293.15 K。

式(3-11)等号左端表示单位面积钢板吸收热量速率，右端前两项表示流入钢板受热面热通量，后两项表示流出钢板非受热面热通量，由于是直接火焰接触钢板模型，不需要考虑远距离热辐射分析视角系数问题。当c_{w}、ρ_{w}、h_{w}、α_{w}、ε_{w}、T_{f}、ε_{f}、$T_{\mathrm{a\infty}}$、ε_{a}不随温度或时间变化时，对式(3-11)整理可得如下形式：

$$\frac{\mathrm{d}T_{\mathrm{w}}}{\mathrm{d}t} = A_1 T_{\mathrm{w}}^4 + B_1 \qquad (3-12)$$

式中，$A_1 = -\dfrac{2\varepsilon_{\mathrm{w}}\sigma}{c_{\mathrm{w}}\rho_{\mathrm{w}}h_{\mathrm{w}}}$；$B_1 = \dfrac{\alpha_{\mathrm{w}}\varepsilon_{\mathrm{f}}\sigma T_{\mathrm{f}}^4 + \alpha_{\mathrm{w}}\varepsilon_{\mathrm{a}}\sigma T_{\mathrm{a\infty}}^4}{c_{\mathrm{w}}\rho_{\mathrm{w}}h_{\mathrm{w}}}$；且$A_1$、$B_1$为常数。

结合钢板初始温度$T_{\mathrm{w0}} = T_{\mathrm{a\infty}}$，对常微分方程(3-12)应用 Runge-Kutta 法即可得到T_{w}时间历程曲线，如图3-3所示。钢板厚度$h_{\mathrm{w}} = 0.016\mathrm{m}$，其他物性参数取值见附录Ⅰ中钢板物性参数，池火与喷射火火焰表面温度T_{f}取值参考 Birk A. M. 建议，池火$T_{\mathrm{f}} = 816℃$，喷射火$T_{\mathrm{f}} = 1204℃$。可以发现：两条温度时间历程曲线最终都趋于稳定；池火环境耗时约1739s(29min)达到稳定温度642.6℃，而喷射火环境仅耗时约767.5s(12.8min)就达到较高稳定温度968.4℃；对于Q235B与Q345R钢板，当温度达到800℃时，抗拉强度就不足50MPa了，所以喷射火环境是非常危险的。

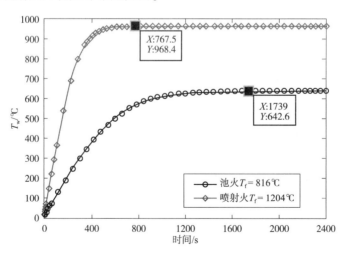

图3-3　温度时间历程($h_{\mathrm{w}} = 0.016\mathrm{m}$)

（2）考虑空气对流换热与壁厚方向温度分布

设钢板受热面表面温度为T_{ow}(K)，非受热面表面温度为T_{iw}(K)，同时考虑两侧空气对流换热及沿壁厚方向温度分布，T_{ow}与T_{iw}近似满足如下方程组，示意如图3-2(b)：

$$\begin{cases} \alpha_{\rm w}\varepsilon_{\rm f}\sigma T_{\rm f}^4 - \varepsilon_{\rm w}\sigma T_{\rm ow}^4 + h_1(T_{\rm af} - T_{\rm ow}) = \dfrac{\lambda_{\rm w}}{h_{\rm w}}(T_{\rm ow} - T_{\rm iw}) \\ c_{\rm w}\rho_{\rm w}h_{\rm w}\dfrac{{\rm d}T_{\rm iw}}{{\rm d}t} = \dfrac{\lambda_{\rm w}}{h_{\rm w}}(T_{\rm ow} - T_{\rm iw}) - (\varepsilon_{\rm w}\sigma T_{\rm iw}^4 - \alpha_{\rm w}\varepsilon_{\rm a}\sigma T_{\rm a\infty}^4) - h_2(T_{\rm iw} - T_{\rm a\infty}) \end{cases} \quad (3-13)$$

式中，$\lambda_{\rm w}$ 表示钢板导热系数，W/(m·K)；h_1 表示受热面高温空气对流换热表面传热系数，W/(m²·K)；h_2 表示非受热面低温空气对流散热表面传热系数，W/(m²·K)；$T_{\rm af}$ 表示受热面高温空气温度，近似取 $T_{\rm af} = T_{\rm f}$，K。

h_1、h_2 计算见附录 I 对流换热表面传热系数计算：池火时，受热面为竖直平板空气自然对流换热；水平喷射火时，受热面为射流冲击，由于可燃气体主要是维持燃烧过程，所以依然假设换热流体为高温空气，但是当射流冲击条件不满足时，处理为空气自然对流换热；非受热面始终为空气自然对流换热。另外，当对流换热量相对较小或表面传热系数值波动不明显时，可假设 h_1、h_2 为恒定值，简化计算过程。

方程组(3-13)第 1 个方程表示钢板受热面热量平衡，第 2 个方程是式(3-11)扩展，隐含假设：钢板壁厚方向平均温升速率与局部温升速率相等，$\dfrac{{\rm d}\left(h_{\rm w}^{-1}\int T_{\rm w}{\rm d}h_{\rm w}\right)}{{\rm d}t} = \dfrac{{\rm d}T_{\rm iw}}{{\rm d}t} = \dfrac{{\rm d}T_{\rm ow}}{{\rm d}t}$，即钢板壁厚方向热传导满足准静态平衡假设，忽略弛豫时间影响。因此，可将方程组(3-13)第 1 个方程表示为 $T_{\rm iw}$ 显示形式：

$$T_{\rm iw} = A_2 T_{\rm ow}^4 + B_2 T_{\rm ow} + C_2 \quad (3-14)$$

式中，$A_2 = \dfrac{h_{\rm w}}{\lambda_{\rm w}}\varepsilon_{\rm w}\sigma$；$B_2 = \dfrac{h_{\rm w}}{\lambda_{\rm w}}h_1 + 1$；$C_2 = -\dfrac{h_{\rm w}}{\lambda_{\rm w}}(\alpha_{\rm w}\varepsilon_{\rm f}\sigma T_{\rm f}^4 + h_1 T_{\rm af})$。

然后将式(3-14)代入方程组(3-13)第 2 个方程，并用 $\dfrac{{\rm d}T_{\rm ow}}{{\rm d}t}$ 代替 $\dfrac{{\rm d}T_{\rm iw}}{{\rm d}t}$，可得如下关于 $T_{\rm ow}$ 常微分方程：

$$\begin{aligned} c_{\rm w}\rho_{\rm w}h_{\rm w}\frac{{\rm d}T_{\rm ow}}{{\rm d}t} = &\frac{\lambda_{\rm w}}{h_{\rm w}}[T_{\rm ow} - (A_2 T_{\rm ow}^4 + B_2 T_{\rm ow} + C_2)] - \\ &[\varepsilon_{\rm w}\sigma(A_2 T_{\rm ow}^4 + B_2 T_{\rm ow} + C_2)^4 - \alpha_{\rm w}\varepsilon_{\rm a}\sigma T_{\rm a\infty}^4] - \\ &h_2(A_2 T_{\rm ow}^4 + B_2 T_{\rm ow} + C_2 - T_{\rm a\infty}) \end{aligned} \quad (3-15)$$

方程(3-15)中，$\lambda_{\rm w}$、h_1、h_2、A_2、B_2、C_2 均是 $T_{\rm ow}$ 函数，与方程(3-12)一样，也需应用 Runge-Kutta 法求解，图 3-4 是两种集中温度参数模型案例结果对比分析。池火时，h_1、h_2 计算取特征长度 $l = 21.8{\rm m}$；水平喷射火时，h_1 计算取 LPG 大孔泄漏，泄漏孔径 $D_{\rm C} = 0.1{\rm m}$，射流速度 $u = 17.89{\rm m/s}$，泄漏口到滞止区距离 $L_{\rm hj} = 1{\rm m}$，滞止区面积等效半径 $r_{\rm hj} = 0.5{\rm m}$。可以看出：池火时，两个模型结果差异并不明显；而水平喷射火时，由于火焰表面温度与射流冲击表面传热系数较大，两个模型结果差异比较显著，达到稳定时受热面温差值约 32℃，达到稳定耗时差值约 100s；另外，钢板两侧表面温差也与火灾类型及其强度有关；初始时刻非受热面温度值低于 20℃的误差，是由热传导准静态平衡假设引起的，即钢板初始时刻已有温差。

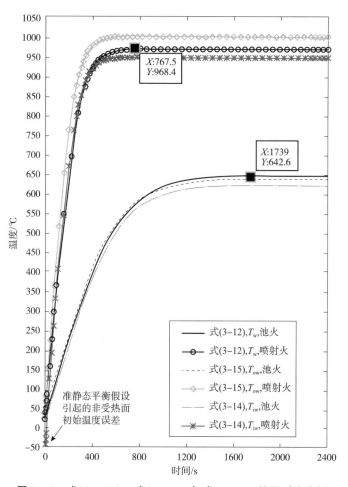

图3-4 式(3-12)、式(3-14)与式(3-15)结果对比分析

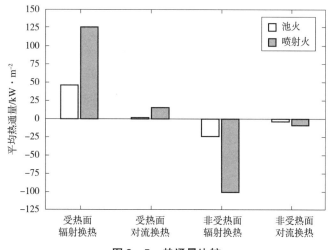

图3-5 热通量比较

图 3-5 是受热面与非受热面关于平均辐射换热热通量与平均对流换热热通量比较。可以看出，无论池火还是喷射火，对流换热热通量都远小于辐射换热热通量，因此，可假设 h_1、h_2 为均值常数，表 3-2 列出了 h_1、h_2 从模拟开始到结束(2400s)时均值大小(水平喷射火 h_1 为常数)。

表 3-2　表面传热系数均值

火灾类型	表面传热系数均值/[W/(m² · K)]	
池火	h_1	4.70
	h_2	7.80
喷射火	h_1	56.55
	h_2	7.37

(3)钢板抗火测试标准

Plate Test 是加拿大标准 CAN/CGSB-43.147-97 关于危化品运输储罐热保护系统部分测试内容，要求设计热保护系统可抵抗吞噬池火 100min，或抵抗喷射火 30min，典型热保护系统如 13mm 厚高温陶瓷棉隔热层外包 3mm 厚钢制夹套。Birk A. M. 对 Plate Test 火灾条件进行了修正：(1)池火加热钢板至 427℃ 不超过 6min，与 $T_f = 816℃$ 对应；(2)喷射火加热钢板至 427℃ 不超过 2min，与 $T_f = 1204℃$ 对应。从图 3-4 可以看出：(1)池火加热钢板至 427℃ 用时不到 7min；(2)喷射火加热钢板至 427℃ 用时约 2min。即本节构建模型与 Birk A. M. 修正 Plate Test 火灾条件模型相比，结果差异并不明显，差异来源主要包括是否考虑钢板壁厚方向温度分布以及钢板物性参数、表面传热系数、初始温度取值。

2)远距离热辐射分析

当火灾火焰没有与竖直钢板直接接触，而是通过热辐射远距离作用于钢板时，也可应用前节构建的模型，此时已知的是火焰热辐射强度 $q_f(W/m^2)$，需要将式(3-11)与式(3-12)中 $\varepsilon_f \sigma T_f^4$ 替换为 q_f，q_f 计算见附录Ⅰ火灾经验模型，示意如图 3-2(c)。图 3-6 是竖直钢板在不同远距离各类火灾热辐射影响下的热响应过程。其中，LNG、LPG 池火液池直径为 10m，液池高度为 0m；汽油、煤油池火液池直径为 28.5m，液池高度为 12.85m；原油池火液池直径为 80m，液池高度为 17.8m；LNG、LPG 垂直喷射火与水平喷射火泄漏孔径为 0.08m，射流质量流量为 32kg/s，泄漏口高度为 3.5m；所有火灾空气相对湿度均为 50%。可以看出：喷射火比池火危险性大很多，如图 3-6(a)、(b)所示；尤其水平喷射火的火焰较长，很容易产生引燃或直接接触影响，计算表明 LNG 水平喷射火可达到 79m，LPG 水平喷射火可达到 75m；由于喷射火体积一般较池火小，所以喷射火影响强度随距离衰减比较明显，但同一距离喷射火依然比池火危险；池火在远距离热辐射影响下，20m 处竖直钢板 40min 后达到 130~210℃，30m 处达到 80~160℃，如图 3-6(c)、(d)所示；垂直喷射火远距离热辐射影响下，20m 处竖直钢板 40min 后达到 490~520℃，30m 处达到 360~400℃。另外，无论池火或喷射火，远距离热辐射影响强度均与可燃液体或气体类型、火灾规模及环境条件有关，特定场景需另做分析。

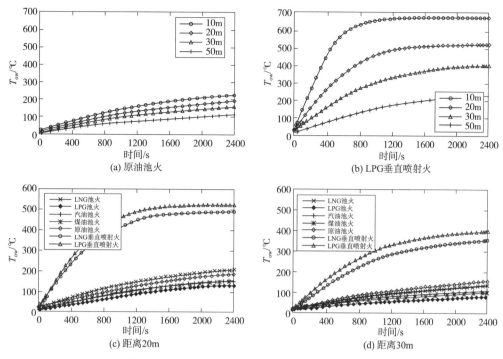

图3-6 远距离火灾热辐射影响下竖直钢板热响应

2. 火灾环境过程设备热响应与破坏失效通用基础模型

竖直钢板热响应集中温度参数模型可为火灾环境过程设备热响应与破坏失效集中温度参数模型构建提供参考，主要是罐壁模型。考虑到实际过程设备类型、尺寸多种多样，可能承受火灾环境也不尽相同，本小节将构建过程设备热响应与破坏失效通用基础模型。

将储罐及其储存物质分为4个部分，干壁、湿壁、液相、蒸气相或罐内气体。其中，干壁为与蒸气相或罐内气体接触的罐壁部分；湿壁为与液相接触的罐壁部分；干壁包括外表面温度T_{ouw}（K）、内表面温度T_{iuw}（K）两个温度节点；湿壁也包括外表面温度T_{oww}（K）、内表面温度T_{iww}（K）两个温度节点；液相与蒸气相或罐内气体共享温度节点T_M（K），即不考虑液相与蒸气相之间复杂沸腾换热过程及液相温度分层现象，并由于液相与湿壁之间导热速率非常快，可假设$T_{iww}=T_M$，即液相与湿壁内表面也共享温度节点。此外，假设：①火灾影响过程中，储存物质不发生热分解等化学反应；②罐壁高温不会引燃储存物质；③火灾规模及其持续时间不足以导致油品分馏；④压力储存液化烃处于饱和态或过热态；⑤储罐几何尺寸不随温度发生变化；⑥不考虑储罐隔热保护层、氮气填充、消防喷淋等安全附件或安全措施影响；⑦不考虑安全阀泄压引起对流换热增强影响。则火灾环境与储罐及其储存物质之间热量传递可以用如下9个分量进行描述（图3-7）：

（1）火灾对干壁外表面辐射换热热通量q_{ru}（W/m²）；

（2）火灾对干壁外表面对流换热热通量q_{cu}（W/m²）；

（3）火灾对湿壁外表面辐射换热热通量q_{rw}（W/m²）；

(4) 火灾对湿壁外表面对流换热热通量 q_{cw} (W/m^2);

(5) 干壁对蒸气相或罐内气体辐射换热热通量 q_{rv} (W/m^2);

(6) 干壁对蒸气相或罐内气体对流换热热通量 q_{cv} (W/m^2);

(7) 干壁对液相辐射换热热通量 q_{rl} (W/m^2);

(8) 干壁与湿壁之间导热热通量 q_{uw} (W/m^2);

(9) 储罐通过呼吸阀或安全阀损失热量 Q_C (J)。

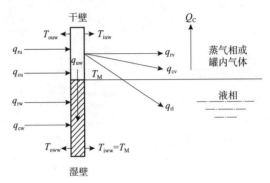

图 3-7　通用基础模型热量传递示意图

各分量计算关系式如下:

$$\begin{cases} q_{ru} = \alpha_w \varepsilon_f \sigma T_f^4 - \varepsilon_w \sigma T_{ouw}^4 \\[4pt] q_{cu} = h_{1u}(T_{af} - T_{ouw}) \\[4pt] q_{rw} = \alpha_w \varepsilon_f \sigma T_f^4 - \varepsilon_w \sigma T_{oww}^4 \\[4pt] q_{cw} = h_{1w}(T_{af} - T_{oww}) \\[4pt] q_{rv} = \varepsilon_{iw} \sigma T_{iuw}^4 - \alpha_w \varepsilon_v \sigma T_M^4 \\[4pt] q_{cv} = h_{2u}(T_{iuw} - T_M) \\[4pt] q_{rl} = F_{rlv} \sigma(T_{iuw}^4 - T_M^4), \quad F_{rlv} = \dfrac{1}{\dfrac{1}{\varepsilon_{iw}} - 1 + \dfrac{A_{uw}}{A_1} \times \dfrac{1}{\varepsilon_1}} \\[14pt] q_{uw} = \dfrac{\lambda_w}{h_{\lambda l}}(T_{iuw} - T_M) \\[10pt] \dot{Q}_C = \begin{cases} (p_v - p_a)\dfrac{\dot{m}_C}{\rho_v} + \dot{m}_C \Delta H_v, & \text{蒸气相泄压} \\[8pt] c_1 \dot{m}_C (T_M - T_0), & \text{液相泄漏} \end{cases} \end{cases} \quad (3-16)$$

式中, h_{1u}、h_{1w} 分别表示干壁与湿壁外表面传热系数, $W/(m^2 \cdot K)$; ε_{iw}、ε_v 分别表示干壁内表面与蒸气相或罐内气体发射率; h_{2u} 表示干壁内表面传热系数, $W/(m^2 \cdot K)$; F_{rlv} 表示干壁对液相辐射换热视角系数; A_{uw} 表示干壁表面积, m^2; A_1 表示液面面积, m^2; ε_1 表示液相发射率; $h_{\lambda l}$ 表示干湿壁导热长度, m; $\dot{Q}_C$ 表示储罐瞬时热量损失速率, J/s; ΔH_v 表示汽化潜热, J/kg; c_1 表示液相比热容, $J/(kg \cdot K)$; T_0 表示体系初始温度, K。

h_{1u}、h_{1w}、h_{2u} 计算时对流换热量相对较小或表面传热系数值波动不明显，可假设为恒定值；F_{rlv}、$h_{\lambda l}$ 与储罐几何结构有关，F_{rlv} 计算关系式依据干壁与液面构成封闭空腔获得；$\dot{Q}_C$ 蒸气相泄压包括做功量与质量流携带热量两部分。

储罐热响应过程可用如下方程组进行描述：

$$\begin{cases} q_{ru} + q_{cu} = \dfrac{\lambda_w}{h_w}(T_{ouw} - T_{iuw}) \\[2mm] c_w \rho_w h_w A_{uw} \dfrac{dT_{iuw}}{dt} = \dfrac{\lambda_w}{h_w}(T_{ouw} - T_{iuw})K_e A_{uw} - (q_{rv} + q_{cv} + q_{rl})A_{uw} - q_{uw}A_{cw} \\[2mm] q_{rw} + q_{cw} = \dfrac{\lambda_w}{h_w}(T_{oww} - T_M) \\[2mm] (c_w \rho_w h_w A_{ww} + c_l \rho_l V_l + c_{pv} \rho_v V_v)\dfrac{dT_M}{dt} \\[2mm] \qquad = \dfrac{\lambda_w}{h_w}(T_{oww} - T_M)K_e A_{ww} + (q_{rv} + q_{cv} + q_{rl})A_{uw} + q_{uw}A_{cw} - \dot{Q}_C \end{cases} \quad (3-17)$$

式中，K_e 表示火灾吞噬储罐比例；A_{cw} 表示干湿壁导热接触面积，m^2；ρ_l 表示液相密度，kg/m^3；V_l 表示液相体积，m^3；c_{pv} 表示蒸气相或罐内气体定压比热容，$J/(kg \cdot K)$；V_v 表示蒸气相或罐内气体体积，m^3；A_{ww} 表示湿壁表面积，m^2。

方程组(3-17)仅表示体系能量守恒，还需满足如下质量守恒关系：

$$\rho_l V_l + \rho_v V_v = m_0 - \int_0^t \dot{m}_C dt, \quad V_l + V_v = V \quad (3-18)$$

式中，m_0 表示储存物质初始质量，kg。

式(3-16)~式(3-18)中，储存物质物性参数 c_l、ρ_l、c_{pv}、ρ_v、p_v、ΔH_v 与 T_M 有关，计算方法见附录Ⅰ汽油、煤油、原油物性参数表和 LNG、LPG 物性数据；A_{uw}、A_{ww}、V_l、V_v 与液位变化有关，满足储罐几何结构关系；方程组依然采用 Runge-Kutta 法求解；当液位趋近于 0 时，由于 ρ_l、ρ_v、V_l、V_v 均取正数，导致方程(3-18)变得非常刚性，出现计算误差。

3.3 火灾热辐射多米诺效应升级机制

研究火灾热辐射作用引发多米诺效应升级机制主要是在过程设备热响应模型基础上构建设备失效破坏概率分析模型，揭示不同类型设备在不同火灾场景下的失效过程以及触发事故多米诺效应的作用机理。上一节构建集中温度参数模型为火灾环境过程设备热响应与破坏失效研究提供了一种确定性分析方法，但工程环境大部分参数都具有随机性，因此，需要构建火灾环境过程设备破坏失效概率分析方法。针对火灾环境过程设备实际失效场景，可将多米诺升级机制分为两种情形：(1)过程设备达到稳定状态后发生失效；(2)过程设备达到稳定状态之前发生失效。对于前一种情形，主要采用结构可靠性方法，对火灾环境过程设备破坏失效概率进行建模，分析其静态可靠性；而对于后一种情形，主要引入随机扩散过程和首次穿越失效理论，构建火灾环境过程设备破坏失效动态可靠性方法。火灾环境过程设备破坏失效静态可靠性与动态可靠性是互补关系，两者构成了统一的火灾环境过程设备易损性理论，是火灾热辐射多米诺效应升级机制的核心内容，同时也是火灾热辐射多米诺效应事故防控对策研究的前提与基础。

3.3.1 火灾环境过程设备静态可靠性分析

1. 火灾环境下过程设备稳定性分析模型

上一节的直接火焰接触竖直钢板热响应模型分析结果表明，钢板温度最终都会趋于稳定，原因是随着钢板温度升高，钢板吸收热量能力逐渐减弱，释放热量能力逐渐增强，当吸收热量速率与释放热量速率相等时，钢板达到热平衡状态，温度不再变化，称为达到稳定状态。同理，只要火灾环境过程设备散热能力足够，体系就可达到稳定状态，关于稳定状态时体系温度取值以及达到稳定状态所需耗时的分析，称之为稳定性分析。以下分别从稳定温度与达到稳定耗时两个方面，构建直接火焰接触竖直钢板与火灾环境 LPG 卧罐稳定性分析模型。本小节内容是下一小节火灾环境过程设备静态可靠性分析的前提和基础。

1）直接火焰接触竖直钢板的稳定性分析

定义钢板到达稳定状态时温度为 T_s（稳定温度，K），并且令 $\dfrac{\mathrm{d}T_w}{\mathrm{d}t} = A_1 T_w^4 + B_1 = 0$，可得如下关系式：

$$T_s = \left(-\frac{B_1}{A_1}\right)^{\frac{1}{4}} \qquad (3-19)$$

可以发现，钢板稳定温度 T_s 与钢板比热容 c_w、密度 ρ_w、厚度 h_w 均不相关。对于考虑空气对流换热与壁厚方向温度分布竖直钢板热响应模型及其他过程设备热响应模型，四次方程或方程组求解需使用 Newton 迭代法。

对式(3-12)积分运算，即可得到直接火焰接触竖直钢板达到稳定状态耗时：

$$t_{2s} = \int_{T_{w0}}^{T_s} (A_1 T_w^4 + B_1)^{-1} \mathrm{d}T_w \qquad (3-20)$$

式(3-20)使用 Simpson 公式数值积分求解。

2）火灾环境 LPG 卧罐的稳定性分析

火灾环境 LPG 卧罐热响应与破坏失效集中温度参数模型，并且令 $\dfrac{\mathrm{d}T_{iuw}}{\mathrm{d}t} = \dfrac{\mathrm{d}T_M}{\mathrm{d}t} = 0$，根据式(3-17)可得：

$$\begin{cases} (q_{ru} + q_{cu})K_e A_{uw} - (q_{rv} + q_{cv} + q_{rl})A_{uw} - q_{uw}A_{cw} = 0 \\ (q_{rw} + q_{cw})K_e A_{ww} + (q_{rv} + q_{cv} + q_{rl})A_{uw} + q_{uw}A_{cw} - \dot{Q}_C = 0 \end{cases} \qquad (3-21)$$

忽略式(3-21)次要项，包括对流换热、壁厚方向温度分布、干湿壁之间导热、安全阀泄压做功量，则式(3-21)可化简为：

$$\begin{cases} K_{\mathrm{e}}q_{\mathrm{ru}} - q_{\mathrm{rv}} - q_{\mathrm{rl}} = 0 \\ K_{\mathrm{e}}q_{\mathrm{rw}}A_{\mathrm{ww}} + (q_{\mathrm{rv}} + q_{\mathrm{rl}})A_{\mathrm{uw}} - \dot{Q}_{\mathrm{C}} = 0 \end{cases} \qquad (3-22)$$

式(3-22)表明，当体系处于稳定状态时，主要是安全阀泄压承担释放热量以平衡吸收热量功能，即安全阀参数设计需要满足稳定状态条件。另外，式(3-22)仅是传热平衡方程，体系还需满足如下质量守恒关系：

$$\begin{cases} \rho_{\mathrm{l}}V_{\mathrm{l}} + \rho_{\mathrm{v}}V_{\mathrm{v}} = m_{s0} - \dot{m}_{\mathrm{C}}(t - t_{2\mathrm{s}}) \\ V_{\mathrm{l}} + V_{\mathrm{v}} = V \end{cases} \qquad (3-23)$$

式中，m_{s0} 表示体系达到稳定状态时 LPG 质量，kg；$t_{2\mathrm{s}}$ 表示体系达到稳定状态耗时，s；$t - t_{2\mathrm{s}}$ 表示稳定状态持续延时，s。

一旦体系处于稳定状态，$\dot{Q}_{\mathrm{C}}$、$\dot{m}_{\mathrm{C}}$、ρ_{l}、ρ_{v} 不随温度变化成为常数。取稳定持续延时 $t - t_{2\mathrm{s}}$ 极限情况，即安全阀泄压导致液位下降为 0，罐内仅存蒸气相，此时，$A_{\mathrm{ww}} = 0$，$A_{\mathrm{uw}} = 2\pi RL + 2\pi R^2$，$q_{\mathrm{rl}} = 0$，则式(3-22)可进一步表示为：

$$\begin{cases} K_{\mathrm{e}}q_{\mathrm{ru}} - q_{\mathrm{rv}} = 0 \\ q_{\mathrm{rv}}A_{\mathrm{uw}} - \dot{Q}_{\mathrm{C}} = 0 \end{cases} \qquad (3-24)$$

设体系处于稳定状态时干壁与共享温度分别为 T_{suw}、T_{sM}，并且将参数代入式(3-24)，可得如下稳定状态方程：

$$\begin{cases} K_{\mathrm{e}}(\alpha_{\mathrm{w}}\varepsilon_{\mathrm{f}}\sigma T_{\mathrm{f}}^4 - \varepsilon_{\mathrm{w}}\sigma T_{\mathrm{suw}}^4) = \varepsilon_{\mathrm{iw}}\sigma T_{\mathrm{suw}}^4 - \alpha_{\mathrm{w}}\varepsilon_{\mathrm{v}}\sigma T_{\mathrm{sM}}^4 \\ (\varepsilon_{\mathrm{iw}}\sigma T_{\mathrm{suw}}^4 - \alpha_{\mathrm{w}}\varepsilon_{\mathrm{v}}\sigma T_{\mathrm{sM}}^4)(2\pi RL + 2\pi R^2) = \dot{m}_{\mathrm{C}}\Delta H_{\mathrm{v}} \end{cases} \qquad (3-25)$$

方程组(3-25)是可解的，其意义为当火灾持续 $t_{2\mathrm{s}}$ 后，体系保持 T_{suw} 与 T_{sM} 至泄压完全，其间，$T_{\mathrm{sM}} < T_{\mathrm{cg}}$(LPG 临界温度)，且储罐内压 p_{v} 恒定。但当安全阀参数设计不合理时，可导致稳定状态不出现，包括：

(1)火焰表面温度 T_{f} 较大而安全阀泄压质量流 $\dot{m}_{\mathrm{C}}$ 不足，导致体系温度持续升高，且罐壁材料高温强度较低，体系未达稳定状态就已破坏失效；

(2)体系达到稳定状态时，$p_{\mathrm{v}} < p_{\mathrm{set}}$(安全阀整定压力)，即安全阀未及时开启。

对于火灾环境 LPG 卧罐，直接计算达到稳定耗时 $t_{2\mathrm{s}}$ 非常困难，但由于干壁对 LPG 换热量相对较小，若忽略，则可用竖直钢板传热模型估计，结论是安全保守的。关于稳定持续延时 $t - t_{2\mathrm{s}}$ 计算，还与体系达到稳定状态时 LPG 质量 m_{s0} 有关，即与达到稳定状态前安全阀泄漏量有关。若已知 m_{s0}，则可推算 $t - t_{2\mathrm{s}}$ 取值。

2. 静态可靠性分析模型建立

1)稳定温度极限状态方程构建

(1)直接火焰接触竖直钢板

工程结构领域可靠性或可靠度计算建立在极限状态方程基础上，各基本变量一般不随时间变化，但直接火焰接触竖直钢板强度及其他部分物性参数是随时间变化的，所以无法直接应用结构可靠性方法。根据上一小节直接火焰接触竖直钢板稳定性分析及钢板温度时间历程可知，稳定温度 T_s 即是钢板可能达到最高温度。钢板强度随温度升高逐渐减小，是单调递减过程。因此，可根据稳定温度 T_s 是否低于钢板极限温度 T_{cr}，对直接火焰接触竖直钢板破坏失效进行判断，极限状态方程如下：

$$g(T_{cr}, T_s) = T_{cr} - T_s = 0 \tag{3-26}$$

静态可靠性 P_{sr} 与静态破坏失效概率 P_{sd} 为：

$$P_{sd} = 1 - P_{sr} = 1 - P(Z = T_{cr} - T_s > 0) \tag{3-27}$$

式中，$Z = T_{cr} - T_s$ 表示系统功能函数。

（2）火灾环境 LPG 卧罐

与直接火焰接触竖直钢板不同，火灾环境 LPG 卧罐破坏失效不仅与干壁温度有关，还与储罐内压有关，其极限状态方程如下：

$$g(T_{suw}, T_{sM}) = R_m(T_{sum}) - \frac{p_v(T_{sM})R}{h_w} \times 10^{-3} = 0 \tag{3-28}$$

式中，$R_m(T_{sum})$ 为高温抗拉强度，MPa；$p_v(T_{sM})$ 为蒸气相压力，MPa。

2）隐式功能函数响应面法

矩方法是结构可靠性计算常用方法，其前提条件是系统功能函数 Z 具有显式形式，但除忽略空气对流换热与壁厚方向温度分布直接火焰接触竖直钢板热响应模型外，其他分析类型均是隐函数形式，矩方法不适用，其他还包括响应面法、Monte - Carlo 模拟法、人工神经网络法等，主要使用响应面法进行研究。

响应面法基本思想是，对于隐含或需要花费大量时间确定真实功能函数，用容易处理函数代替，称之为响应面函数，当响应面函数在一系列取样点上拟合后，即可进行可靠性计算，主要使用如下非完全二次多项式作为响应面函数：

$$Z_r = \hat{g}(\boldsymbol{X}) = a + \sum_{i=1}^{n} b_i X_i + \sum_{i=1}^{n} c_i X_i^2 \tag{3-29}$$

式中，$\boldsymbol{X} = (X_1, \cdots, X_i, \cdots, X_n)^T$ 表示随机变量向量；a、b_i、c_i 表示待定系数。

式（3-29）含有 $2n+1$ 个待定系数，所以需要 $2n+1$ 个样本点，使用仅含坐标轴上点的中心复合设计法，除中心点外，其他 $2n$ 个样本点为：

$$x_i = \mu_{X_i} \pm f \sigma_{X_i} \tag{3-30}$$

式中，x_i 表示 X_i 轴上两个样本点；μ_{X_i} 表示 X_i 均值；σ_{X_i} 表示 X_i 标准差；f 取值为 2。

使用响应面法计算火灾环境 LPG 卧罐静态可靠性具体步骤如下：

（1）假定初始迭代验算点 $\boldsymbol{x} = (x_1, x_2 \cdots, x_n)^T$，取均值 $\boldsymbol{\mu}_X$；

（2）应用稳定性分析方法，在各样本点处计算功能函数估计值 $\hat{g}_i$，解出待定系数 a、b_i、c_i；

（3）对响应面函数应用改进一次二阶矩法，计算可靠指标 β 与验算点 $\boldsymbol{x}^*$；

（4）应用稳定性分析方法，在 $\boldsymbol{x}^*$ 处计算功能函数估计值 $\hat{g}(\boldsymbol{x}^*)$，并用如下线性插值公式得到新验算点 $\boldsymbol{x}$；

$$x = \boldsymbol{\mu}_X + \frac{g(\boldsymbol{\mu}_X)}{g(\boldsymbol{\mu}_X) - g(\boldsymbol{x}^*)}(\boldsymbol{x}^* - \boldsymbol{\mu}_X) \tag{3-31}$$

(5) 重复步骤 (2) ~ (4)，直至前后两次向量 2 - 范数 $\|x\| < 10^{-6}$。

其中，分别使用 JC 法与正交变换法处理非正态分布类型随机变量与相关随机变量，当量正态化基本不改变随机变量相关性，所以先当量正态化，然后正交变换。

3. 案例应用

1）直接火焰接触竖直钢板稳定性与静态可靠性分析

直接火焰接触竖直钢板稳定性与静态可靠性分析所需相关参数见表 3 - 3，其中，一般区间用于敏感性分析时确定参数均值离散点；参数标准差离散点在 0 到最大标准差之间确定；最大标准差按工程经验取参数偏差 1/3；假设钢板表面吸收率 α_w 与发射率 ε_w 之间存在较强相关性，相关系数为 0.8；其他各参数之间相互独立。

表 3 - 3 竖直钢板稳定性与静态可靠性模型参数

随机变量	一般区间	均值 $\mu(\cdot)$	最大标准差 $\sigma(\cdot)$	分布类型
V/m^3	[125, 129]	127	2/3	Normal
R/m	[1.46, 1.56]	1.51	0.05/3	Normal
h_w/m	[0.015, 0.017]	0.0159	0.001/3	Normal
$A_\mathrm{C} \times 10^4/\mathrm{m}^2$	[45.6, 55.6]	50.6	5/3	Normal
F_C	[0.75, 0.95]	0.86	0.1/3	Normal
$T_\mathrm{f}/℃$	[800, 880]	816	56/3	Normal
$T_\mathrm{cr}/℃$	[400, 700]	650	20/3	Normal

敏感性分析在待分析变量或分布参数取值闭区间内，等分 10 个离散点取固定值，然后逐点计算，观察变量或分布参数对稳定状态或静态可靠性影响趋势。

根据式 (3 - 19) 与式 (3 - 25)，计算可得：竖直钢板耗时 1722.5s 达到稳定温度 643.8℃；当 $T_\mathrm{f} = 1204℃$ 时，耗时 770.9s 达到稳定温度 969.4℃；与图 3 - 3 比较可知，两种数值计算方法之间是有误差的。图 3 - 8 是不同变量对竖直钢板稳定温度 T_s 与达到稳定耗时 $t_{2\mathrm{s}}$ 敏感性分析结果。可以看出：火焰表面温度 T_f 对稳定温度与达到稳定耗时影响均很大，且与达到稳定耗时呈指数下降关系；钢板比热容 c_w 与厚度 h_w 对达到稳定耗时影响也很大；钢板表面吸收率 α_w 与表面发射率 ε_w 对稳定温度影响在 50℃ 范围，对达到稳定耗时影响分别在 250s 与 120s 范围；非受热面空气参数变化对两者影响均可忽略。对式 (3 - 26) 应用静态可靠性方法，得到破坏失效概率 P_sd 为 0.4148。表 3 - 3 中，取钢板极限温度均值 $\mu(T_\mathrm{cr})$ 为 650℃，使 $\mu(T_\mathrm{cr})$ 处于稳定温度 T_s 附近，以方便观察参数敏感性。图 3 - 9 是不同随机变量分布参数对竖直钢板静态可靠性敏感性分析。可以看出：各随机变量均值影响远大于标准差影响；其中，火焰温度均值 $\mu(T_\mathrm{f})$ 与钢板极限温度均值 $\mu(T_\mathrm{cr})$ 均非常容易使破坏失效概率趋近于 1；钢板表面吸收率均值 $\mu(\alpha_\mathrm{w})$ 与表面发射率均值 $\mu(\varepsilon_\mathrm{w})$ 以及火焰温度标准差 $\sigma(T_\mathrm{f})$ 对破坏失效概率影响也很大。

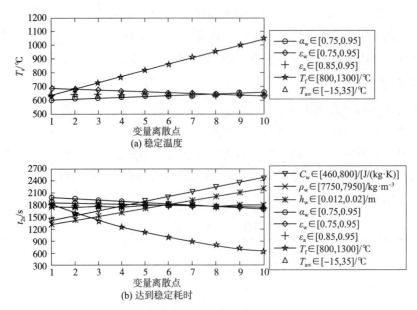

(a) 稳定温度

(b) 达到稳定耗时

图 3-8 竖直钢板稳定状态参数敏感性分析

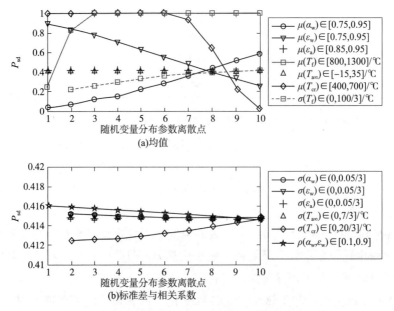

(a)均值

(b)标准差与相关系数

图 3-9 竖直钢板静态可靠性分布参数敏感性分析

图 3-10 是各随机变量分布参数变化相应单位时破坏失效概率增加量 ΔP_{sd} 比较，分别取对应分布参数敏感性分析平均斜率，纵坐标为各随机变量分布参数变化单位。图中，由于火焰温度均值 $\mu(T_f)$ 与钢板极限温度均值 $\mu(T_{cr})$ 使破坏失效概率多数取值为 1，导数均值运算使 $\mu(T_f)$、$\mu(T_{cr})$ 影响弱化，所以没有参考意义，其他分布参数对破坏失效概率影响重要程度可从横条形图清楚观察到。

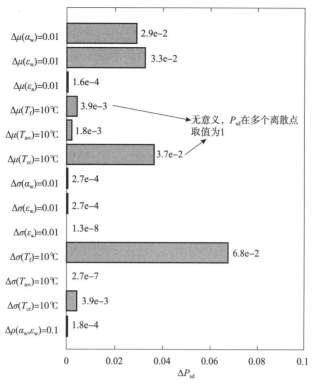

图3-10　竖直钢板静态可靠性分布参数单位敏感性比较(平均斜率)

2)火灾环境LPG卧罐稳定性与静态可靠性分析

以美国陆军弹道实验室BRL全尺寸实验场景为例，并假设体系可达到稳定状态。随机变量分布参数见表3-4，仅考虑卧罐几何、安全阀参数、火焰表面温度随机性，且相互独立。

表3-4　LPG卧罐稳定性与静态可靠性模型参数

随机变量	一般区间	均值 $\mu(\cdot)$	最大标准差 $\sigma(\cdot)$	分布类型
V/m^3	[125, 129]	127	2/3	Normal
R/m	[1.46, 1.56]	1.51	0.05/3	Normal
h_w/m	[0.015, 0.017]	0.0159	0.001/3	Normal
$A_C \times 10^4/m^2$	[45.6, 55.6]	50.6	5/3	Normal
F_C	[0.75, 0.95]	0.86	0.1/3	Normal
$T_f/℃$	[800, 880]	816	56/3	Normal

根据式(3-25)，计算可得到LPG卧罐干壁稳定温度 T_{suw} 与共享稳定温度 T_{sM} (即LPG温度)分别为657.46℃与47.51℃；竖直钢板模型估计体系达到稳定耗时约23.6min；关于稳定持续延时，若假设体系达到稳定时LPG体积充装系数为98%，则需44.7min使安全阀泄压完全。图3-11是火灾环境LPG卧罐稳定温度参数敏感性分析，可知卧罐几何与安全阀参数均

对 LPG 稳定温度 T_{sM} 有较大影响，但对干壁稳定温度 T_{suw} 几乎没有影响；火焰表面温度 T_f 对两个稳定温度均有很大影响。稳定状态也有可能不出现，包括：①T_f 较大而安全阀泄压能力不足，体系未达稳定状态就已破坏失效；②安全阀整定压力较高，未及时开启。

对式(3-28)应用静态可靠性方法，得到火灾环境 LPG 卧罐静态破坏失效概率 P_{sd} 为 2.6175×10^{-11}。图 3-11 是随机变量均值敏感性分析，其中，图 3-12(a)纵坐标取 $\log_{10}$ 对数。可以看出：卧罐几何参数影响非常小，罐壁厚度均值 $\mu(h_w)$ 影响在 $10^{-16} \sim 10^{-4}$ 量级，卧罐体积均值 $\mu(V)$ 与半径均值 $\mu(R)$ 影响不会超过 10^{-8}；而安全阀参数与火焰温度均可使破坏失效概率在 10^0 量级发生显著变化，见图 3-12(b)。

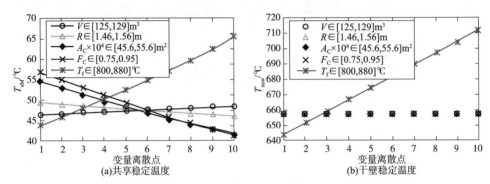

图 3-11　LPG 卧罐稳定温度参数敏感性分析

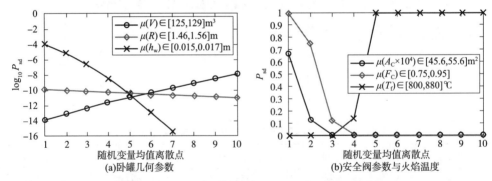

图 3-12　LPG 卧罐静态可靠性分布参数敏感性分析

3.3.2　火灾环境过程设备动态可靠性分析

引入随机扩散过程和首次穿越失效理论，构建火灾环境过程设备热响应与破坏失效动态可靠性方法，主要包括：①考虑一维随机扩散过程的直接火焰接触竖直钢板的动态可靠性分析，及其对应的首次穿越失效模型；②考虑二维随机扩散过程的火灾环境过程设备（以 LPG 卧罐为例）的动态可靠性分析，及其对应的首次穿越失效模型。

1. 基于一维随机扩散过程的动态可靠性建模

1）一维 Ito 随机扩散过程的微分方程建立

以竖直火焰接触竖直钢板为研究对象，该热响应与失效过程可建模为一维随机扩散过程，钢板平均温度 $T_w(t)$ 为系统随机响应。设火焰表面温度 $T_f(t)$ 为系统随机激励，其他参数均为常数，且 $T_f(t)$ 为 Gauss 白噪声，则 $T_f(t)$ 可表示为：

$$T_f(t) = E[T_f(t)] + N(t) \qquad (3-32)$$

式中，当 $T_f(t)$ 为平稳过程时，均值 $E[T_f(t)]$ 为常数；$N(t)$ 表示强度为 $2D$ 的零均值 Gauss 白噪声。

由于 T_f 仅出现于微分方程 B_1 项中，所以也可将 $B_1(t)$ 理解为系统随机激励，与式(3-32)类似，$B_1(t)$ 可表示为：

$$B_1(t) = E[B_1(t)] + W(t) \qquad (3-33)$$

式中，均值 $E[B_1(t)]$ 可通过 B_1 与 T_f 关系计算得到；$W(t)$ 表示强度为 $2E$ 的零均值 Gauss 白噪声。

$2E$ 与 $2D$ 关系如下：

$$\begin{cases} 2E = \left(\dfrac{\Delta B_1}{3}\right)^2 \\[2mm] \Delta B_1 = \dfrac{1}{2}\dfrac{\alpha_w \varepsilon_f \sigma T_{fmax}^4 - \alpha_w \varepsilon_f \sigma T_{fmin}^4}{c_w \rho_w h_w} \\[2mm] 2D = \left(\dfrac{\Delta T_f}{3}\right)^2 \end{cases} \qquad (3-34)$$

式中，ΔB_1、ΔT_f 分别表示 B_1、T_f 偏差，$2E$、$2D$ 按工程经验取各自偏差 $1/3$ 的平方；T_{fmax}、T_{fmin} 分别表示 T_f 最大值与最小值。

对应 Ito 随机微分方程为：

$$dT_w = \{A_1 T_w^4 + E[B_1(t)]\}dt + \sqrt{2E}dB(t) \qquad (3-35)$$

漂移与扩散系数 $a(T_w, t)$、$b(T_w, t)$ 分别为：

$$a(T_w, t) = A_1 T_w^4 + E[B_1(t)] \qquad (3-36)$$

$$b(T_w, t) = 2E \qquad (3-37)$$

2）一维后向 Kolmogorov 方程与首次穿越失效定义

设 $T_f(t)$ 为平稳过程，则漂移与扩散系数 a、b 均不显含时间 t，$T_w(t)$ 为时齐扩散过程。假设在 $(0, t]$ 内，当 $T_w(t)$ 超过 T_{cr}（钢板极限温度）至少一次时，钢板即发生首次穿越而破坏失效。定义条件可靠性函数：

$$R(t \mid T_{w0}) = P\{T_w(s) < T_{cr}, s \in (0, t] \mid T_w(0) = T_{w0} < T_{cr}\} \qquad (3-38)$$

$R(t \mid T_{w0})$ 满足如下后向 Kolmogorov 方程：

$$\frac{\partial R}{\partial t} = a(T_{w0})\frac{\partial R}{\partial T_{w0}} + \frac{1}{2}b(T_{w0})\frac{\partial R^2}{\partial T_{w0}^2} \qquad (3-39)$$

初始条件与边界条件为：

$$R(0 \mid T_{w0}) = 1, \quad T_{w0} < T_{cr} \qquad (3-40)$$

$$R(t \mid T_{w0}) = 0, \quad T_{w0} = T_{cr} \qquad (3-41)$$

$$R(t \mid T_{w0}) = \text{finite}, \quad T_{w0} = 0 \qquad (3-42)$$

式(3-40)、式(3-41)在角点 T_{cr} 处不相容，理论上仅存在广义解，但对数值解没有影响。式(3-42)中，由于绝对 0 度不可达到，finite 取值为 1。

条件破坏失效概率 $P_{dd}(t \mid T_{w0})$、首次穿越时间或寿命 τ 条件概率密度 $p(\tau \mid T_{w0})$、平均首次穿越时间或平均寿命 $E[\tau]$ 计算方法如下：

$$P_{dd}(t \mid T_{w0}) = 1 - R(t \mid T_{w0}) \tag{3-43}$$

$$p(\tau \mid T_{w0}) = \frac{\partial P_{dd}}{\partial t}\bigg|_{t=\tau} = -\frac{\partial R}{\partial t}\bigg|_{t=\tau} \tag{3-44}$$

$$E[\tau] = \int_0^\infty \tau p(\tau \mid T_{w0}) \, d\tau \tag{3-45}$$

一般情况，钢板初始状态是给定的，且处于安全域，所以 R、P_{dd}、p、$E[\tau]$ 无条件量与条件量的结果一致。数值计算 $E[\tau]$ 时，模拟时间应足够长，使 $p(\cdot)$ 充分趋近于 0。

式(3-39)~式(3-42)构成对流占优抛物型偏微分方程，为减小数值震荡影响，使用迎风型差分格式进行有限差分法数值求解。取如下等距离散网格（自变量 T_{w0} 以 x 代替，因变量 R 以 u 代替）：

$$\mathcal{L}_{\Delta x, \Delta t} = \{(x_j, \ t^n)\}_{j=0;J}^{n=0;N} \tag{3-46}$$

式中，Δx 表示温度空间步长，K；Δt 表示时间步长，s；$0:J$ 表示从 0 到 J 所有整数；J 与 N 表示两个给定正常数。

设计差分格式如下：

$$\begin{cases} \frac{u_j^{n+1}-u_j^n}{\Delta t} = a(x_j)\frac{u_j^n-u_{j-1}^n}{\Delta x} + \frac{1}{2}b(x_j)\frac{u_{j+1}^n-2u_j^n+u_{j-1}^n}{(\Delta x)^2}, & a(x_j)\leq 0 \\ \frac{u_j^{n+1}-u_j^n}{\Delta t} = a(x_j)\frac{u_{j+1}^n-u_j^n}{\Delta x} + \frac{1}{2}b(x_j)\frac{u_{j+1}^n-2u_j^n+u_{j-1}^n}{(\Delta x)^2}, & a(x_j)> 0 \\ u_j^0 = 1, \quad j\neq J \\ u_J^n = 0 \\ u_0^n = 1 \end{cases} \tag{3-47}$$

局部截断误差为 $O(\Delta x + \Delta t)$，L^2 模强稳定性条件为：

$$\frac{b(x_j)\Delta t}{(\Delta x)^2} - \frac{a(x_j)\Delta t}{\Delta x} \leq 1 \tag{3-48}$$

2. 直接火焰接触竖直钢板的案例应用

火焰温度 $T_f(t)$ 取 816℃ ± 20℃、816℃ ± 56℃、816℃ ± 100℃、1000℃ ± 20℃、1000℃ ± 56℃、1000℃ ± 100℃ 六种情况，随机激励过程如图 3-13 所示（当 $E[T_f(t)]=1204℃$ 时，差分法求解后向 Kolmogorov 方程产生强烈数值振荡，经过反复多次尝试，取 $E[T_f(t)]=1000℃$，主要研究 $E[T_f(t)]$ 增大的影响趋势）；温度空间步长与时间步长分别取 2℃ 与 1s，模拟时间取 2400s，其他参数取值见表 3-5。

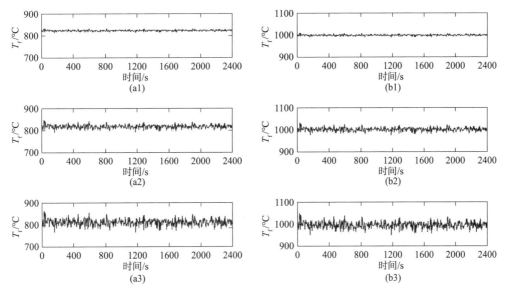

图3-13　池火与喷射火平稳随机激励过程

$T_f(t) =$：（a1）816℃±20℃；（a2）816℃±56℃

表3-5　竖直钢板动态可靠性模型参数

参数	取值	参数	取值
$c_w/[J/(kg \cdot K)]$	569.3	ε_f	1
$\rho_w/(kg/m^3)$	7850	ε_a	0.9
h_w/m	0.016	$T_{a\infty}/℃$	20
α_w	0.9	$T_{cr}/℃$	427
ε_w	0.9		

　　图3-14是指定$T_f(t) =816℃±56℃$时，直接火焰接触竖直钢板动态可靠性的三维结果视图。可以看出：破坏失效概率随时间递增，并有一个明显递增时间区间；该递增时间区间随钢板初始温度升高而逐渐减小，即区间内概率时间曲线逐渐变陡；同时，该递增时间区间起始点越来越接近初始0时刻。

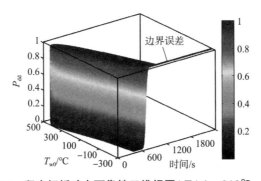

图3-14　竖直钢板动态可靠性三维视图（$T_f(t) =816℃±56℃$）

图 3 – 15 是火焰平均温度 $E[T_f(t)]$、火焰温度偏差 ΔT_f、钢板初始温度 T_{w0} 以及钢板极限温度 T_{cr} 对直接火焰接触竖直钢板动态破坏失效概率 P_{dd} 敏感性分析结果(默认 $T_{w0}=21℃$,$\Delta T_f=56℃$,$T_{cr}=427℃$)。

从图 3 – 15(a)可看出,火焰平均温度越高,递增时间区间越小,概率时间曲线越陡峭,递增时间区间起始点越接近初始 0 时刻;若给定 $10^{-6} \leqslant P_{dd} \leqslant 0.9999$,则当 $E[T_f(t)]$ 从816℃增加到1000℃时,时间区间从199s缩小到46s,起始点从357s提前到209s。从图 3 – 15(b)中可知,由于火焰温度偏差(随机激励强度)影响较小,取 $\Delta T_f=56℃$ 时动态破坏失效概率增加量 ΔP_{dd} 进行分析。可以看出:破坏失效概率并不总是增加,而是在递增时间区间前半段增加,后半段减小,近似单周期正弦波;且火焰温度偏差对递增时间区间大小影响不明显;概率最大变化量随火焰温度偏差增大而增大;火焰平均温度增加会强化火焰温度偏差影响;$E[T_f(t)]=816℃$ 时,ΔT_f 取20℃使概率最大变化量约为 0.5×10^{-3},取100℃使概率最大变化量约为 1.5×10^{-3},火焰温度偏差变化一个单位,概率最大变化量约为 2.5×10^{-5};$E[T_f(t)]=1000℃$ 时,ΔT_f 取20℃使概率最大变化量约为 3.2×10^{-3},取100℃使概率最大变化量约为 7.8×10^{-3},即火焰温度偏差变化一个单位,概率最大变化量约为 1.4×10^{-4}。从图 3 – 15(c)可看出:一般范围内,钢板初始温度对破坏失效概率影响比较大,火焰平均温度增加会强化钢板初始温度影响;$E[T_f(t)]=816℃$ 时,钢板初始温度变化一个单位,同一时刻概率变化量可达到 1.6×10^{-2};$E[T_f(t)]=1000℃$ 时,钢板初始温度变化了一个单位,同一时刻概率变化量可达到 3.6×10^{-2}。从图 3 – 15(d)可看出:钢板极限温度对破坏失效概率影响也很大;火焰平均温度增加也会强化钢板极限温度影响;$E[T_f(t)]=816℃$ 时,钢板极限温度变化一个单位,同一时刻概率变化量可达到 2.2×10^{-2};$E[T_f(t)]=1000℃$ 时,钢板极限温度变化一个单位,同一时刻概率变化量可达到 3.3×10^{-2}。

图 3 – 16 是指定 $T_f(t)=816℃ \pm 56℃$ 时,直接火焰接触竖直钢板首次穿越时间概率密度及其参数敏感性分析。可以看出:首次穿越时间近似服从对数正态分布;火焰平均温度与钢板初始温度对首次穿越时间概率密度影响趋势与破坏失效概率一致。图 3 – 17 是指定 $\Delta T_f=56℃$ 时,直接火焰接触竖直钢板平均首次穿越时间随钢板初始温度变化关系。可以看出:平均首次穿越时间随钢板初始温度增大而减小,在一般初始温度范围内,波动不会超过60s;钢板极限温度对平均首次穿越时间影响是比较大的,且火焰平均温度增加会强化这种影响;当 $E[T_f(t)]=816℃$ 时,钢板极限温度变化一个单位,平均首次穿越时间变化约1.6s;当 $E[T_f(t)]=1000℃$ 时,钢板极限温度变化一个单位,平均首次穿越时间变化约0.7s。另外,计算结果表明,火焰温度偏差对平均首次穿越时间几乎没有影响,原因主要是一维扩散过程模型的扩散系数远小于漂移系数。

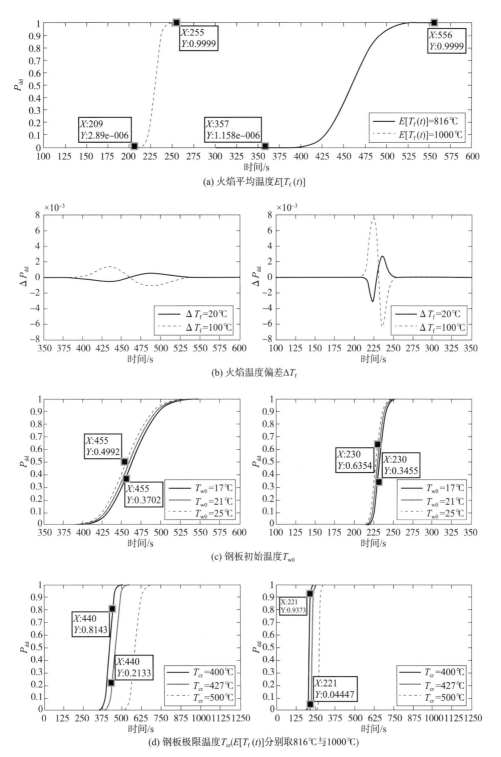

(a) 火焰平均温度$E[T_f(t)]$

(b) 火焰温度偏差ΔT_f

(c) 钢板初始温度T_{w0}

(d) 钢板极限温度$T_{cr}(E[T_f(t)]$分别取816℃与1000℃)

图3-15 竖直钢板动态可靠性参数敏感性分析

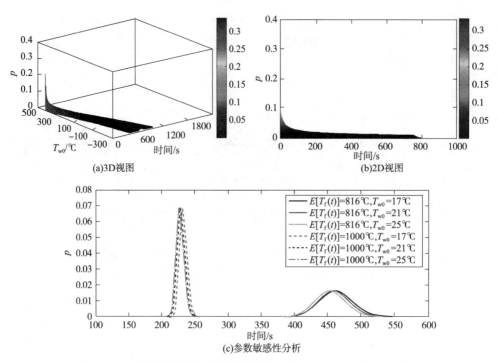

(a)3D视图   (b)2D视图

(c)参数敏感性分析

图3-16 竖直钢板首次穿越时间概率密度($T_f(t)$=816℃±56℃)

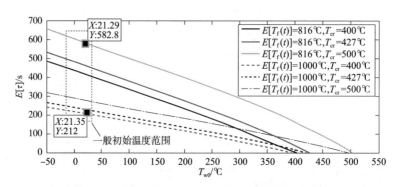

图3-17 竖直钢板平均首次穿越时间(ΔT_f=56℃)

3. 基于二维随机扩散过程的动态可靠性建模

1)二维 Ito 随机微分方程的建立

以 LPG 卧罐为研究对象,火灾环境 LPG 卧罐热响应与破坏失效过程可建模为二维随机扩散过程。根据稳定性分析结果忽略次要项后,集中温度参数微分方程组可简化为如下形式:

$$
\begin{cases}
\dfrac{\mathrm{d}T_{uw}}{\mathrm{d}t} = \dfrac{q_{ru} - q_{rv} - q_{rl}}{c_w \rho_w h_w} \\[3mm]
\dfrac{\mathrm{d}T_M}{\mathrm{d}t} = \dfrac{K_e q_{rw} A_{ww} + (q_{rv} + q_{rl}) A_{uw} - \dot{Q}_C}{c_w \rho_w h_w A_{ww} + c_l \rho_l V_l + c_{pv} \rho_v V_v}
\end{cases}
\qquad (3-49)
$$

干壁温度与共享温度$[T_{uw}(t)$，$T_M(t)]^T$构成系统二维矢量随机响应。同样设火焰表面温度$T_f(t)$为系统一维 Gauss 白噪声随机激励。由于T_f仅以四次方形式出现于火灾对干壁辐射换热热通量q_{ru}以及火灾对湿壁辐射换热热通量q_{rw}项中，所以首先需将方程组转化为如下形式：

$$\begin{bmatrix} \dot{X}_1 \\ \dot{X}_2 \end{bmatrix} = \begin{bmatrix} g_1(\boldsymbol{X}, t) \\ g_2(\boldsymbol{X}, t) \end{bmatrix} + \begin{bmatrix} f_1(\boldsymbol{X}, t) \\ f_2(\boldsymbol{X}, t) \end{bmatrix} [W(t)] \tag{3-50}$$

式中，$\boldsymbol{X} = [T_{uw}, T_M]^T$，表示系统二维矢量随机响应；$g_i$、$f_i$是确定性函数；$W(t) = [T_f(t)]^4$，表示系统一维随机激励，仍具有 Gauss 白噪声特性，且均值为零，强度为$2E$。$2E$ 与 $2D$ 关系如下：

$$\begin{cases} 2E = \left[\dfrac{\Delta(T_f^4)}{3}\right]^2 \\ \Delta(T_f^4) = \dfrac{T_{fmax}^4 - T_{fmin}^4}{2} \\ 2D = \left(\dfrac{\Delta T_f}{3}\right)^2 \end{cases} \tag{3-51}$$

式中，$\Delta(T_f^4)$表示 T_f^4 偏差。

确定性函数g_i、f_i形式如下：

$$\begin{cases} g_1(\boldsymbol{X}, t) = \dfrac{q_{ru} - q_{rv} - q_{rl}}{c_w \rho_w h_w} \\ g_2(\boldsymbol{X}, t) = \dfrac{K_e q_{rw} A_{ww} + (q_{rv} + q_{rl}) A_{uw} - \dot{Q}_C}{c_w \rho_w h_w A_{ww} + c_l \rho_l V_l + c_{pv} \rho_v V_v} \\ f_1(\boldsymbol{X}, t) = \dfrac{\alpha_w \varepsilon_f \sigma}{c_w \rho_w h_w} \\ f_2(\boldsymbol{X}, t) = \dfrac{K_e \alpha_w \varepsilon_f \sigma A_{ww}}{c_w \rho_w h_w A_{ww} + c_l \rho_l V_l + c_{pv} \rho_v V_v} \end{cases} \tag{3-52}$$

其中，计算q_{ru}、q_{rw}时，T_f取均值$E[T_f(t)]$。

对应 Ito 随机微分方程为：

$$dX_i = m_i(\boldsymbol{X}, t)dt + \sigma_i(\boldsymbol{X}, t)dB(t), \quad i = 1, 2 \tag{3-53}$$

式中，

$$\begin{cases} m_i(\boldsymbol{X}, t) = g_i(\boldsymbol{X}, t) + \sum_j \dfrac{1}{2} \sigma_i(\boldsymbol{X}, t) \dfrac{\partial \sigma_i(\boldsymbol{X}, t)}{\partial X_j}, \quad i = j = 1, 2 \\ \sigma_i(\boldsymbol{X}, t) = \sqrt{2E} f_i(\boldsymbol{X}, t) \end{cases} \tag{3-54}$$

漂移与扩散系数$a_i(\boldsymbol{x}, t)$、$b_{ij}(\boldsymbol{x}, t)$分别为：

$$a_i(\boldsymbol{x}, t) = m_i(\boldsymbol{X}, t)\big|_{\boldsymbol{X}=\boldsymbol{x}} \tag{3-55}$$

$$b_{ij}(\boldsymbol{x}, t) = \sigma_i(\boldsymbol{X}, t)\sigma_j(\boldsymbol{X}, t)\big|_{\boldsymbol{X}=\boldsymbol{x}} = 2E f_i(\boldsymbol{X}, t)f_j(\boldsymbol{X}, t)\big|_{\boldsymbol{X}=\boldsymbol{x}} \tag{3-56}$$

2）二维后向 Kolmogorov 方程与动态可靠性

安全阀泄压释放热量速率$\dot{Q}_C$与 LPG 温度T_M以及泄压模式均有关，仅能描述为时间t

单值函数；另外，蒸气相体积V_v、液相体积V_l、湿壁面积A_{ww}、干壁面积A_{uw}、干壁对液面视角系数F_{rlv}也均与t有关；所以$X(t)$为非时齐扩散过程，漂移与扩散系数a_i、b_{ij}显含时间t，无法直接应用首次穿越失效问题模型和方法，需应用随机平均法对a_i、b_{ij}进行处理；首先对集中温度参数模型采集Q_c、V_v、V_l、A_{ww}、A_{uw}、F_{rlv}从开始到破坏失效时刻(t_d, s)离散值，然后在$[0, t_d]$应用时间平均算子。此外，式$(3-54)$中，由于无法获得$\dfrac{\partial f_2}{\partial T_M}$显式形式，以其在$[0, t_d]$均值代替。最后，若假设$T_f(t)$为平稳过程，则$a_i$、$b_{ij}$将不显含$t$，$X(t)$转化为时齐扩散过程。

假设在$(0, t]$内，当$T_{uw}(t)$超过T_{cr}（罐壁材料极限温度）或$T_M(t)$超过T_{cg}（丙烷临界温度）至少一次时，LPG卧罐即发生首次穿越而破坏失效，其定义条件可靠性函数为：

$$R\left(t \left| \begin{array}{c} T_{uw0} \\ T_{M0} \end{array} \right.\right) = P\left\{ \begin{array}{c} T_{uw}(s) < T_{cr} \\ T_M(s) < T_{cg} \end{array}, \ s \in (0, \ t] \ \left| \begin{array}{c} T_{uw}(0) = T_{uw0} < T_{cr} \\ T_M(0) = T_{M0} < T_{cg} \end{array} \right. \right\} \quad (3-57)$$

$R(t \mid x_0)$满足如下后向 Kolmogorov 方程：

$$\frac{\partial R}{\partial t} = \sum_i a_i(x_0) \frac{\partial R}{\partial x_{i0}} + \sum_{i,j} \frac{1}{2} b_{ij}(x_0) \frac{\partial R^2}{\partial x_{i0} \partial x_{j0}}, \quad i = j = 1, 2 \quad (3-58)$$

初始条件和边界条件为：

$$R\left(0 \left| \begin{array}{c} T_{uw0} \\ T_{M0} \end{array} \right.\right) = 1, \qquad \begin{array}{c} T_{uw0} < T_{cr} \\ T_{M0} < T_{cg} \end{array} \quad (3-59)$$

$$R\left(t \left| \begin{array}{c} T_{uw0} \\ T_{M0} \end{array} \right.\right) = 0, \qquad \begin{array}{c} T_{uw0} = T_{cr} \\ T_{M0} = T_{cg} \end{array} \quad (3-60)$$

$$R\left(t \left| \begin{array}{c} T_{uw0} \\ T_{M0} \end{array} \right.\right) = 1, \qquad \begin{array}{c} T_{uw0} = 0 \\ T_{M0} = 0 \end{array} \quad (3-61)$$

根据集中温度参数模型破坏失效判断准则式，可知T_{cr}与T_M相关，实际计算域由$T_{uw0} = 0$、$T_{M0} = 0$以及T_{cr}曲线构成封闭曲面，如图$3-18$所示。罐壁材料为TC-128，其室温抗拉强度为560MPa，T_{cr}曲线两个端点由假设$T_{M0} = T_{cg} = 369.83$ K与$\sigma_\theta(T_{M0}) = R_m(T_{uw0}) = 0$MPa计算获得。关于无条件量$R(t)$、$P_{dd}(t)$、$p(\tau)$、$E[\tau]$计算方法参考第3.3.2节。

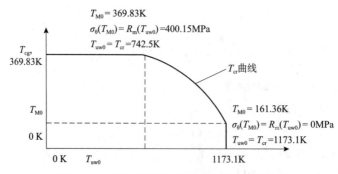

图 3-18　LPG 卧罐动态可靠性计算域示意图

由于 T_{uw0} 取值范围比 T_{M0} 大很多，使用不同温度空间步长 Δx_1、Δx_2，且 $\Delta x_1 > \Delta x_2$。a_1 $(x_i,\ x_j) \leq 0$ 且 $a_2(x_i,\ x_j) \leq 0$ 时，式(3-58)~式(3-61)构成抛物型偏微分方程差分格式设计如下：

$$\frac{u_{i,j}^{n+1} - u_{i,j}^n}{\Delta t} = a_1(x_i,\ x_j)\frac{u_{i,j}^n - u_{i-1,j}^n}{\Delta x_1} + a_2(x_i,\ x_j)\frac{u_{i,j}^n - u_{i,j-1}^n}{\Delta x_2} +$$
$$\frac{1}{2}b_{11}(x_i,\ x_j)\frac{u_{i+1,j}^n - 2u_{i,j}^n + u_{i-1,j}^n}{(\Delta x_1)^2} +$$
$$\frac{1}{2}b_{22}(x_i,\ x_j)\frac{u_{i,j+1}^n - 2u_{i,j}^n + u_{i,j-1}^n}{(\Delta x_2)^2} + \qquad (3-62)$$
$$b_{12}(x_i,\ x_j)\frac{(u_{i,j}^n - u_{i,j-1}^n) - (u_{i-1,j}^n - u_{i-1,j-1}^n)}{\Delta x_1 \Delta x_2}$$

其中，$a_1(x_i,\ x_j) > 0$ 时，$\frac{u_{i+1,j}^n - u_{i,j}^n}{\Delta x_1}$ 代替 $\frac{u_{i,j}^n - u_{i-1,j}^n}{\Delta x_1}$；$a_2(x_i,\ x_j) > 0$ 时，$\frac{u_{i,j+1}^n - u_{i,j}^n}{\Delta x_2}$ 代替 $\frac{u_{i,j}^n - u_{i,j-1}^n}{\Delta x_2}$。

4. 火灾环境 LPG 卧罐的案例应用

仍然以 BRL 全尺寸实验场景为例，火焰温度偏差 ΔT_f 取 20℃、56℃、100℃ 三种情况。基于化简后集中温度参数模型，破坏失效时间 $t_d = 1426s$，对 $\dot{Q}_C$、V_v、V_1、A_{ww}、A_{uw}、F_{rlv}、$\frac{\partial f_2}{\partial T_M}$ 应用时间平均算子后取值见表 3-6。

表 3-6 LPG 卧罐动态可靠性模型参数时间平均值

参数	取值	参数	取值
$\dot{Q}_C/(J/s)$	4.64×10^6	A_{uw}/m^2	39
V_1/m^3	112	F_{rlv}	0.66
V_v/m^3	15	$\frac{\partial f_2}{\partial T_M}$	-2.08×10^{-15}
A_{ww}/m^2	143		

与一维扩散过程模型不同，二维扩散过程模型计算域是三维的，网格划分与数量对有限差分法程序运算效率影响非常大。采用 Intel Core i3-3110M 处理器、4G 内存计算机，当网格 $T_{uw0} \times T_{M0} \times t$ 为 $24 \times 15 \times 181$ 时，MATLAB 程序执行一次耗时 189s，当网格数量为 $118 \times 74 \times 481$ 时，程序执行一次耗时约 4h 5min。

图 3-19 是指定 $\Delta T_f = 56℃$ 时，火灾环境 LPG 卧罐动态可靠性各种结果视图，其中，图 3-19(a)是模拟时刻 $t = 1426s$、干壁初始温度 $T_{uw0} = 20℃$、LPG 初始温度 $T_{M0} = 20℃$ 时四维切片图；图 3-19(b)是模拟时刻 t 分别为 300s、600s、1200s、1500s 时三维时序图；图 3-19(c)是 $T_{M0} = 26℃$ 与 $T_{uw0} = 28℃$ 时三维视图。可以看出：破坏失效概率同样存在一个递增时间区间；干壁与 LPG 初始温度均会对该时间区间大小与起始点产生影响；图 3-19(b)清楚地展示了边界附近破坏失效概率变化趋势。

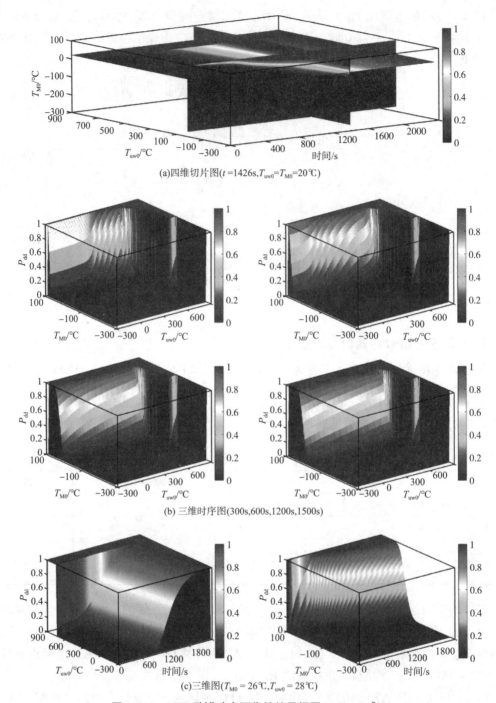

(a)四维切片图($t=1426$s,$T_{uw0}=T_{M0}=20$℃)

(b) 三维时序图(300s,600s,1200s,1500s)

(c)三维图($T_{M0}=26$℃,$T_{uw0}=28$℃)

图3-19　LPG卧罐动态可靠性结果视图($\Delta T_f=56$℃)

图3-20(b)是指定$T_{M0}=26$℃、$T_{uw0}=28$℃、相比于$\Delta T_f=56$℃时,动态破坏失效概率增加量ΔP_{dd}结果。可以看出:ΔT_f影响是比较小的,单位火焰温度偏差引起破坏失效概率最大变化量在10^{-5}量级;$\Delta P_{dd}(t)$呈近似半周期正弦曲线形状,有别于直接火焰接触竖直钢板结果,原因是模拟时间不够长,未能使P_{dd}充分趋近于1,如图3-20(a)所示。

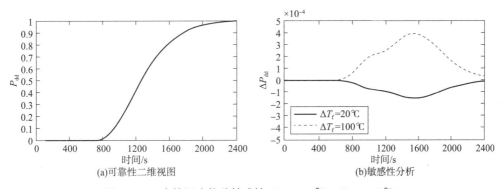

(a)可靠性二维视图　　　　　(b)敏感性分析

图3－20　火焰温度偏差敏感性（$T_{M0}=26℃$，$T_{uw0}=28℃$）

图3－21是指定 $T_{M0}=26℃$ 与 $T_{uw0}=28℃$ 时，火灾环境 LPG 卧罐首次穿越时间概率密度三维与二维视图，可清楚地观察其概率分布情况。

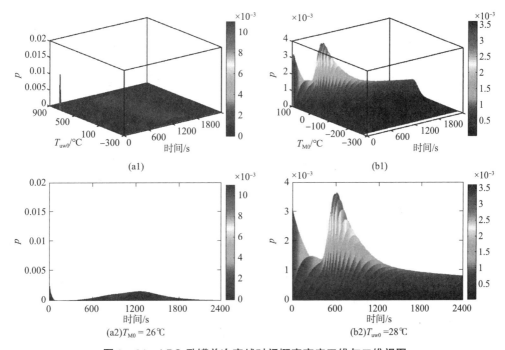

(a1)　　　　　　　　　　　(b1)

(a2)$T_{M0}=26℃$　　　　　(b2)$T_{uw0}=28℃$

图3－21　LPG 卧罐首次穿越时间概率密度三维与二维视图

图3－22是指定 $\Delta T_f=56℃$ 时，火灾环境 LPG 卧罐平均首次穿越时间或平均寿命与初始体系温度变化关系三维与二维视图。当温度近似从0℃增加到35℃时，平均首次穿越时间或平均寿命 $E[\tau]$ 从1569s下降到1114s，主导因素是 LPG 初始温度 T_{M0}，表明过热态比最大拉应力破坏失效更敏感。

BRL 实验场景 LPG 卧罐动态可靠性分析表明，火焰温度偏差对动态破坏失效概率影响并不明显，单位动态破坏失效概率最大变化量在 10^{-5} 量级；0～35℃初始温度范围，平均首次穿越时间或平均寿命波动不会超过450s。

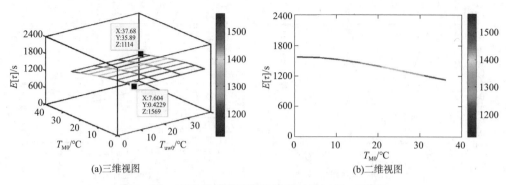

(a)三维视图 (b)二维视图

图 3-22 LPG 卧罐平均首次穿越时间($\Delta T_f = 56℃$)

3.4 火灾热辐射多米诺效应升级准则

火灾导致的多米诺效应升级机制准则可分为两种，分别是热辐射作用下升级准则和火焰冲击下升级准则。同时学者根据多米诺效应升级场景相关影响因素，将导致多米诺效应升级的过程工业火灾类型归纳主要分为 4 类：闪火、火球、喷射火(受限、开放)、开放池火(受限、开放)。各类过程工业火灾典型特征及其引发多米诺效应的升级准则情况见表 3-7。

表 3-7 过程工业典型火灾类型及其多米诺效应升级准则

升级特征参数		火灾类型					
		受限喷射火	开放喷射火	受限池(罐)火	开放池火	火球	闪火
燃烧模式		扩散燃烧	扩散燃烧	扩散燃烧	扩散燃烧	扩散燃烧	预混燃烧
总热载荷/(kW/m^2)		150~400	100~400	100~250	50~150	150~280	170~200
辐射热占比/%		66.7~75	50~62.5	92~100	100	100	100
热对流占比/%		25~33.3	37.5~50	0~8	0	0	0
火焰温度范围/K		1200~1600	1200~1500	1200~1450	1000~1400	1400~1500	1500~1900
火焰冲击下升级准则	常压设备	发生升级	发生升级	发生升级	发生升级	$Q_R>100$	不发生
	承压设备	发生升级	发生升级	发生升级	发生升级	不发生	不发生
热辐射作用下升级准则	常压设备	$Q_R>15$	$Q_R>15$	$Q_R>15$	$Q_R>15$	$Q_R>100$	不发生
	承压设备	$Q_R>40$	$Q_R>40$	$Q_R>40$	$Q_R>40$	不发生	不发生

注：Q_R 为设备接收到的热流密度值，kW/m^2。

闪火一般被认为是可燃气体或可燃蒸气云的层流燃烧或低速湍流燃烧，其特点是火焰阵面传播速度较低，持续时间一般在数百毫秒到 1 秒。其持续时间相较一般工业设备的热辐射失效特征时间低几个数量级，很少考虑由于闪火热辐射及火焰冲击导致的多米诺效应事故。

装有易燃液化气体的容器发生灾难性失效时会形成聚集性可燃蒸气云，此时出现点火可能导致火球, 火球持续时间一般不超过60s, 设备曝光时间即为火球持续时间。在评估火球事故升级效应时, 需考虑两种情况, 分别是火焰吞噬容器(存在火焰冲击)和火焰远场辐射。第一种情况需要同时考虑火焰冲击和热辐射作用, 第二种情况只需考虑热辐射。火球事故的特征时间一般在1~20s, 比承压设备的特征时间至少低一个数量级, 故对火球作用于承压设备, 不会形成多米诺效应事故。而对于常压设备, 认为设备在火焰冲击或热辐射作用下所接收到的热流密度值Q_R高于$100kW/m^2$时, 会出现多米诺效应事故。

装有易燃气体或液体的压力容器或其附属设备发生泄漏, 被点火后就会发生喷射火。喷射火直接作用于设备或产生的热辐射都可能造成多米诺效应事故, 可采用主动或被动防护措施减小事故升级的可能性。国外学者Valerio Cozzani研究得出了喷射火事故时的一般安全距离, 对于常压无防护设备, 热辐射作用下的安全距离为50m, 承压无保护设备热辐射作用下的安全距离为25m。依据表3-7, 认为火焰冲击下常压设备和承压设备都会出现事故升级, 热辐射作用下, 常压设备接收到的热流密度值Q_R高于$15kW/m^2$时会出现事故升级, 承压设备接收到的热流密度值Q_R高于$40kW/m^2$时会出现事故升级。

池火是指可燃液体或易熔可燃固体产生的蒸气失控燃烧, 和喷射火类似, 此时要考虑直接作用于设备或池火产生的热辐射导致的多米诺效应事故。如果目标设备接收到来自火焰的固定热辐射, 而没有火焰冲击或吞没, 则应综合考虑热辐射的强度和目标容器的特性来考虑升级的可能性。火焰冲击作用下, 常压设备和承压设备都会出现事故升级。热辐射作用下, 常压无防护设备安全距离为50m, 承压无保护设备安全距离为25m。同时热辐射作用下, 常压设备接收到的热流密度值Q_R高于$15kW/m^2$时会出现事故升级, 承压设备接收到的热流密度值Q_R高于$40kW/m^2$时会出现事故升级。

在评估设备的多米诺效应升级机制时, 若目标设备上存在保护措施, 可以适当减小安全防护距离。

第 4 章 爆炸冲击波效应

4.1 概述

Delvosalle 通过事故统计发现，16.5% 的多米诺效应事故是由爆炸冲击波超压造成的。MHIDAS 数据库显示，由爆炸引起的 105 起固定设备多米诺效应事故中，66 起波及了邻近设备或装置。当前，关于爆炸冲击波引发多米诺效应事故的研究主要集中在冲击波超压破坏化工设备概率方面，主要采用基于事故数据的统计方法。然而，由于方法的局限性，数据统计忽略了实际中冲击波与设备之间的动力响应过程。

设备破坏失效概率计算方法是爆炸冲击波多米诺效应定量风险评估的关键要素。在多米诺效应事故场景中，爆炸冲击波破坏化工设备的影响因素包括三类：一是爆炸冲击波的强度，主要有静态峰值超压、动态压力（曳引力）、正相持续时间、冲量等强度参数；二是设备的抗冲击能力，主要有材料特征、几何尺寸、设计压力、结构自振周期等抗性参数；三是爆炸冲击波与化工设备之间相互作用的复杂现象（即动力响应），主要有爆炸冲击波与设备之间的空间关系（或相对位置）、爆炸冲击波反射、绕流、流体分离等。其中，复杂现象过程体现了设备的抗冲击能力。爆炸冲击波作用下化工设备失效模式如表 4 - 1 所示。

表 4 - 1 爆炸冲击波作用下化工设备失效模式

化工设备	典型失效模式
阀门与控制器	由于相对运动或振动导致的控制连接处失效是阀门驱动装置最可能的失效模式。由于荷载作用面积小、阀门强度高，爆炸荷载很难直接导致破坏。通过提供足够的灵活性对阀门与控制器进行充分保护
管道与管架	管道的典型失效机理是由于爆炸荷载导致管架发生位移，进而导致管道破坏
法兰连接	法兰连接的典型失效机理是动态压力在管道上产生弯矩，弯矩导致管道变形，管道变形导致法兰垫片产生弯曲应力破坏
压力容器	立式压力容器最常见的破坏是屈服破坏或地脚螺栓拔出。 水平压力容器与热交换器的主要破坏机理为支撑结构失效导致的破坏
建筑与常压容器	主要的失效机理是静态超压结合动态压力导致的破坏

4.2　爆炸冲击波强度表征——爆炸荷载

4.2.1　爆炸冲击波多米诺效应事故场景

引发爆炸冲击波多米诺效应的初始事故场景主要包括 VCE、BLEVE、约束爆炸(设备或建筑中的气体、蒸气或粉尘爆炸等)、机械爆炸(容器破裂等)、凝聚相爆炸等。不同爆炸类型引发多米诺效应事故升级的因素不同,可能产生的二级事故场景也存在很多的可能性,主要取决于设备存储介质的危害性。2005 年,Cozzani 等通过对 MHIDAS 数据库的 105 起多米诺效应事故进行统计,得出不同爆炸类型引发多米诺效应事故升级的因素及可能产生的二级事故场景,如表 4 - 2 所示。

表 4 - 2　不同爆炸类型引发多米诺效应事故升级的因素及可能产生的二级事故场景

初始事故场景	事故升级因素	可能产生的二级事故场景
VCE	火灾热辐射,爆炸冲击波	池火灾,喷射火,火球,闪火,机械爆炸、约束爆炸、BLEVE、VCE、有害介质泄漏
BLEVE	碎片,爆炸冲击波	
约束爆炸	爆炸冲击波	
机械爆炸	碎片,爆炸冲击波	
凝聚相爆炸	爆炸冲击波	

注:在初始事故场景中,设备在发生 BLEVE 破坏失效后,可能会产生次生事故(包括池火灾、火球、有毒介质泄漏等)。

在爆炸冲击波作用下设备易发生强度屈服、倒塌、破裂、分解、整体位移等破坏失效。考虑爆炸冲击波的远场破坏,化工设备常发生的爆炸类型主要以 VCE、BLEVE、凝聚相爆炸为主。

4.2.2　不同爆炸类型的爆炸冲击波强度计算方法

在爆炸后果的定量风险评估中,一个通用性假设是爆炸事故产生的爆炸冲击波视为等效当量的炸药产生的理想爆炸冲击波,与爆炸类型无关,即在远场范围内,任意类型爆炸产生的爆炸冲击波是相似的。在爆炸冲击波的远场作用或爆炸冲击波压力较低时,动态超压可以忽略,只考虑静态峰值超压。但是不同爆炸类型产生的爆炸冲击波有着不同的强度计算方法。

1. 蒸气云爆炸(VCE)

蒸气云爆炸(VCE)定义为易燃蒸气、瓦斯、喷雾等与空气的预混气云引燃后的爆炸。在爆炸过程中火焰加速到足够高的速度产生显著的超压,即使在较远的距离也能引发多米诺效应。VCE 的爆炸冲击波强度计算方法包括物理模型、关系模型、数值模拟方法,其中关系模型应用最为广泛,有 TNT 当量法、TNO 多能法、Baker - Strehlow 法等,关系模型的对比分析如表 4 - 3 所示。

表 4 - 3　TNT 当量法、TNO 多能法、Baker - Strehlow 法的对比分析

方法	计算过程	特征
TNT 当量法	$(1) W_{TNT} = \dfrac{\alpha W_f Q_f}{Q_{TNT}}$；$(2) Z = \dfrac{R}{(W_{TNT})^{1/3}}$；$(3)$ TNT 曲线（峰值超压 P_s 与比例距离 Z 之间的关系图）、峰值超压及正相持续时间经验公式	(1) 爆源形状：点源； (2) 需要确定的参数：W_f、α、Q_f、R； (3) 结果：峰值超压 P_s、冲量 i_s； (4) 适用条件：仅适用于远场预测
TNO 多能法	$(1) \bar{R} = R\left(\dfrac{P_0}{E}\right)^{1/3}$；$(2)$ TNO 曲线（无量纲峰值超压 $\bar{P}$、无量纲正相持续时间与无量纲距离 $\bar{R}$ 之间的关系图）；$(3) P_s = \bar{P} P_0$，$t_+ = \dfrac{\bar{t_+}\,(E/P_0)^{1/3}}{c_0}$	(1) 爆源形状：半球形对称蒸气云； (2) 需要确定的参数：E、R、爆源体积、爆源强度（通过点火能、爆源内阻塞度、边界约束程度确定）； (3) 结果：峰值超压 P_s、正相持续时间 t_+； (4) 以爆源强度等级选取 TNO 曲线； (5) 适用条件：近场、远场预测均可
Baker - Strehlow 法	$(1) \bar{R} = R\left(\dfrac{P_0}{E}\right)^{1/3}$；$(2)$ Baker - Strehlow 曲线（无量纲峰值超压 $\bar{P}$、无量纲冲量 $\bar{i}$ 与无量纲距离 $\bar{R}$ 之间的关系图）；$(3) P_s = \bar{P} P_0$，$i_s = \dfrac{\bar{i}\, E^{1/3} P_0^{2/3}}{c_0}$	(1) 爆源形状：球形对称蒸气云； (2) 需要确定的参数：E、R、爆源体积、最大火焰传播速度—马赫数 M_w（通过火焰传播方向、燃料活性、障碍物密度确定）； (3) 结果：峰值超压 P_s、冲量 i_s； (4) 以马赫数 M_w 等级选取 Baker - Strehlow 曲线； (5) 适用条件：近场、远场预测均可

注：W_{TNT} 为可燃气体的 TNT 当量，kg；W_f 为蒸气云中可燃气体的质量，kg；α 为可燃气云的当量系数，一般取值为 $0.01 \sim 0.1$；Q_f 为可燃气体的燃烧热，MJ/kg；Q_{TNT} 为 TNT 的爆炸热，一般取值为 4.52MJ/kg；Z 为 TNT 当量的比例距离，$m \cdot kg^{-1/3}$；$\bar{R}$ 为无量纲距离；R 为爆心距，m；P_0 为空气压力，Pa；E 为总爆炸能量，由可燃蒸气云的体积与同化学计量浓度下烃 – 空气混合物的典型燃烧热值（3.5MJ/m³）相乘得出；$\bar{P}$ 为无量纲峰值超压；P_s 为峰值超压，Pa；t_+ 为正相持续时间，s；$\bar{t_+}$ 为无量纲正相持续时间；c_0 为环境下的声速，m/s；i_s 为冲量，$Pa \cdot s$；$\bar{i}$ 为无量纲冲量。

表 4 - 4　三种方法的超压预测结果对比分析

学者	TNT 当量法的当量系数 α	TNO 多能法的爆源强度	Baker - Strehlow 法的马赫数 M_w	超压预测结果
Lobato 等（2006 年）	0.1	10	0.59	当距离爆源较近时，预测结果大小顺序为：TNT 当量法 > TNO 多能法 > Baker - Strehlow 法；当距离爆源较远时，三种方法预测结果相近
Sari（2010 年）	—	10	5.2	当距离爆源较近时，预测结果大小顺序为：TNO 多能法 > Baker - Strehlow 法；当距离爆源较远时，两种方法预测结果相近
张网等（2010 年）	0.1	5	0.25	当距离爆源较近时，预测结果大小顺序为：TNT 当量法 > Baker - Strehlow 法 > TNO 多能法；当距离爆源较远时，三种方法预测结果相近

TNT 当量法、TNO 多能法、Baker - Strehlow 法主要是对爆炸冲击波超压进行预测，表 4 - 4 列出了已有的三种方法超压预测结果的对比分析研究。当距离爆源较近时，TNT 当量法预测的超压大于其他两种方法；当距离爆源较远时，三种方法的预测结果相近。

2. 沸腾液体扩展蒸气爆炸（BLEVE）

由表 4 - 2 可知，相对于 VCE，BLEVE 的机械效应不用考虑火球的复杂影响，事故升级因素主要有爆炸冲击波和碎片。BLEVE 的爆炸冲击波强度计算方法包括经验公式法、数值方法等。

经验公式法的计算过程分为两部分：（1）计算 BLEVE 产生的机械能量（即爆炸总能量）E 及爆炸冲击波能量 E_w；（2）通过 E_w 计算爆炸冲击波超压。基于不同的热力学和物理假设，不同学者提出了不同的 BLEVE 机械能量计算方法，如表 4 - 5 所示。

表 4 - 5　BLEVE 机械能量计算方法的热力学和物理假设

热力学和物理假设	学者	备注
恒定体积能量增量	Brode（1959）	爆炸冲击波由气相与闪蒸的液相恒体积膨胀产生的
理想气体行为与等熵膨胀	Prugh（1991）	1. 爆炸冲击波由气相与闪蒸的液相膨胀产生的；2. $\beta = 0.4$；3. 曲线：TNT 曲线
热力学的有效能量	Crowl（1991，1992）	爆炸冲击波由闪蒸的过热液相膨胀产生的
等温膨胀	Smith 等（1996）	爆炸冲击波由气相与闪蒸的液相的快速恒温膨胀产生的
实际气体行为与绝热不可逆膨胀	Planas 等（2004）	1. 爆炸冲击波由气相膨胀产生的；2. $\beta = 0.4$；3. 曲线：TNT 曲线
	Casal 等（2006）	1. 爆炸冲击波由液相过热能产生的；2. $\beta = 0.035 \sim 0.05$；3. 曲线：TNT 曲线
	Hemmatian 等（2017）	1. 爆炸冲击波由气相与闪蒸的液相膨胀产生的；2. $\beta = 0.4$；3. 曲线：TNT 曲线
实际气体行为与等熵膨胀	Roberts（2000）；CCPS（2010）	1. 爆炸冲击波由气相与闪蒸的液相膨胀产生的；2. $\beta = 1$（未使用）；3. 曲线：TNO 的 Sachs 曲线
	Casal 等（2006）	1. 爆炸冲击波由液相过热能产生的；2. $\beta = 0.07 \sim 0.14$；3. 曲线：TNT 曲线
	Genova（2008）	1. 爆炸冲击波由液相过热能产生的；2. $\beta = 0.07$；3. 曲线：TNO 的 Sachs 曲线
等熵膨胀	Birk（2007）	1. 爆炸冲击波由气相膨胀产生的；2. $\beta = 2$；3. 方程：Kinney & Graham 经验公式

注：表中的 β 表示能量转换系数。

这些方法的对比分析得出：实际气体行为与绝热不可逆膨胀的假设得出的结果更接近真实的实验数据，而其他假设均相对保守。2017 年，Hemmatian 等基于该假设发现了机械能量与爆炸时刻的温度、液体填充度之间的线性关系，提出了更简捷的机械能量多项式拟合方法，避免了考虑液体的热力学性质。BLEVE 释放的机械能除了转化为爆炸冲击波，还包括容器破裂能量、碎片变形能、碎片抛射动能、环境耗散能量等。爆炸冲击波能量所占百分比 β 从容器脆性断裂(很少发生)的 80% 到韧性断裂(易发生)的 40%。由 E_w 计算爆炸冲击波超压的常用方法有 TNT 曲线、Sachs 曲线及 Kinney & Graham 经验公式。

相比于经验公式法，数值方法考虑了气体动力学过程，更接近实际。2008 年，Berg 等基于液体蒸发与气液混合物膨胀速度相同的假设，通过数值计算建立了新的 BLEVE 超压和冲量曲线。2015 年，Laboureur 等应用 Berg 的 BLEVE 超压和冲量曲线，建立了基于初始超压与爆炸半径的 BLEVE 超压计算方法。

3. 凝聚相爆炸

凝聚相爆炸的物质主要是 TNT 等炸药及固体反应物。凝聚相爆炸的爆炸冲击波强度计算方法是 TNT 当量法，计算过程如表 4-3 所示。凝聚相爆炸的 TNT 当量法应用广泛，例如：2010 年，孔德森等利用 TNT 当量法研究了炸药对地铁结构的破坏。2011 年，范俊余等采用实验与数值模拟研究了岩石乳化炸药的 TNT 当量系数。2015 年，刘玲等通过实验与 TNT 当量法计算了自制炸药的 TNT 当量。

4. 爆炸冲击波的毁伤准则

爆炸冲击波的毁伤效应与爆炸冲击波超压、冲量、各频段的能量分布、目标的自振频率有关。爆炸冲击波的一般毁伤准则分为超压准则、冲量准则、超压—冲量准则三种，适用范围如表 4-6 所示。超压准则将冲击波超压作为目标伤害的唯一标准，但毁伤效应也与正相持续时间有关，时间越长则破坏越大。冲量准则认为爆炸冲击波能否对目标造成伤害完全取决于冲量，但是超压很小时正压作用时间再长也不会造成伤害。超压—冲量准则综合考虑了超压和冲量，当超压和冲量同时满足临界条件时，目标才被破坏。

表 4-6 爆炸冲击波的一般毁伤准则适用范围

准　则	适用范围
超压准则	$T_d > 10T$
冲量准则	$T_d < T/4$
超压—冲量准则	$T/4 \leqslant T_d \leqslant 10T$

注：表中 T_d 为正相持续时间，s；T 为设备自振周期，s。

然而，实验表明超压和冲量越大，毁伤效应不一定越高。毁伤效应还与冲击波高低频段的能量分布、目标的自振频率有关。2008 年，温华兵等研究了水下爆炸压力时频分布和能量分布规律，水下爆炸压力的低频段能量接近总能量的一半，是自振频率为数十赫兹的舰船设备产生破坏的主要能源。2010 年，孔霖等通过实验得到了几种不同爆炸冲击波的能量谱，结果表明：能量谱在某频段的幅值越高，对自振频率在该频段的目标破坏作用越大。2015 年，李丽萍等提取出了同种炸药在不同爆心距、不同炸药在相同爆心距的爆炸冲击波压力信号能量频谱特性，得出：同种炸药下爆炸冲击波的低频段能量大于高频段能量，毁伤范围更大；不同炸药的爆炸冲击波高、低频能量分布不同。因此，低频段能量是爆炸冲击波远距离破坏的主要原因，且与目标的固有频率有关。但相应的能量准则欠缺，可通过实验进一步开展爆炸冲击波能量谱规律研究。

4.2.3　爆炸载荷强度模型(BLIM)和爆炸破坏强度模型(BDIM)

1. 三种爆炸类型的爆炸荷载

典型的爆炸荷载是由峰值反射压力 P_r 与正相持续时间 T_d 表征的，其中负相持续时间因对结构影响微小而忽略，如图 4 - 1 所示。同时，爆炸荷载时程曲线可简化为三角形荷载方程。根据爆源的高度，美国抗意外爆炸效应建筑物手册(UFC 3 - 340 - 02)将爆炸分为自由空气爆炸、空气爆炸、地面爆炸三种类型。三种爆炸类型的爆炸荷载如表 4 - 7 所示。

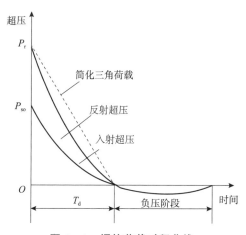

图 4 - 1　爆炸荷载时程曲线

表 4 - 7　三种爆炸类型的爆炸荷载

爆炸荷载参数	自由空气爆炸	空气爆炸	地面爆炸
应用条件	$\dfrac{H_e}{\sqrt[3]{W}} \geq 0.35$	$\dfrac{H_e}{\sqrt[3]{W}} < 0.35$	$H_e \approx 0$
比例距离	$Z_f = \dfrac{R}{\sqrt[3]{W}}$	—	$Z_s = \dfrac{R}{\sqrt[3]{2W}}$
峰值压力	$P_{so,f} = \dfrac{1772}{Z_f^3} - \dfrac{114}{Z_f^2} + \dfrac{108}{Z_f}$	$P_{so,a} = (1 + \cos\alpha)P_{so,s}$	$P_{so,s} = \dfrac{1772}{Z_s^3} - \dfrac{114}{Z_s^2} + \dfrac{108}{Z_s}$
峰值反射压力	$P_{r,f} = (1+\cos\theta)P_{so,f} + \dfrac{6P_{so,f}^2}{P_{so,f}+7P_0}\cos^2\theta$	$P_{r,a} = (1+\cos\theta)P_{so,a} + \dfrac{6P_{so,a}^2}{P_{so,a}+7P_0}\cos^2\theta$	$P_{r,s} = (1+\cos\theta)P_{so,s} + \dfrac{6P_{so,s}^2}{P_{so,s}+7P_0}\cos^2\theta$

续表

爆炸荷载参数	自由空气爆炸	空气爆炸	地面爆炸
正相持续时间	$T_{d,f} = 0.00135 R^{1/2} W^{1/6}$	$T_{d,a} = 0.001575 R^{1/2} W^{1/6}$	$T_{d,s} = 0.001575 R^{1/2} W^{1/6}$
峰值反射冲量	$I_{r,f} = \dfrac{1}{2} P_{r,f} T_{d,f}$	$I_{r,a} = \dfrac{1}{2} P_{r,a} T_{d,a}$	$I_{r,s} = \dfrac{1}{2} P_{r,s} T_{d,s}$

式中，H_e 为爆源的高度，m；W 为等效 TNT 的质量，kg；R 为到爆源的距离，m；Z_f 为自由空气爆炸的比例距离，m/kg$^{1/3}$；Z_s 为地面爆炸的比例距离，m/kg$^{1/3}$；$P_{so,f}$ 为自由空气爆炸的峰值超压，Pa；$P_{so,a}$ 为空气爆炸的峰值超压，Pa；$P_{so,s}$ 为地面爆炸的峰值超压，Pa；$P_{r,f}$ 为自由空气爆炸的峰值反射超压，Pa；$P_{r,a}$ 为空气爆炸的峰值反射超压，Pa；$P_{r,s}$ 为地面爆炸的峰值反射超压，Pa；$T_{d,f}$ 为自由空气爆炸的正相持续时间，s；$T_{d,a}$ 为空气爆炸的正相持续时间，s；$T_{d,s}$ 为地面爆炸的正相持续时间，s；$I_{r,f}$ 为自由空气爆炸的反射冲量，Pa·s；$I_{r,a}$ 为自由空气爆炸的反射冲量，Pa·s；$I_{r,s}$ 为自由空气爆炸的反射冲量，Pa·s。

2. 爆炸荷载强度模型（BLIM）

爆炸强度不仅取决于爆炸荷载，同时与作用的结构面积相关。Cozzani 与 Salzano（2004）提出：爆炸荷载的破坏很大程度上取决于结构形状。采用矩形平板、圆柱壳、球壳，分别代表墙体、浮顶罐、球罐等典型目标结构的表面。典型目标结构表面的作用面积如图 4 - 2 所示。图 4 - 2 中，L_e 为爆源到目标设备中心的水平距离，m；H_e 为爆源高度，m；L_{rp} 为矩形板宽度，m；H_{rp} 为矩形板高度，m；D_{cs} 为圆柱壳直径，m；H_{cs} 为圆柱壳高度，m；D_{ss} 为球壳直径，m；H_{ss} 为球壳高度，m；θ 为爆炸冲击波的入射角，（°）；β 为作用区域任一点的水平角度，（°）；γ 为作用区域任一点的竖直角度，（°）。

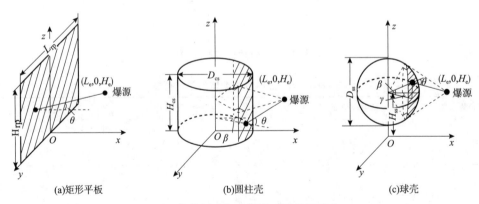

(a)矩形平板　　　　(b)圆柱壳　　　　(c)球壳

图 4 - 2　典型目标结构表面及作用面积

建立考虑作用面积 S 的爆炸荷载强度模型（BLIM），用来定量表征均匀或非均匀分布的爆炸荷载强度，以 S_P 与 S_I 表示。三种目标结构表面的爆炸荷载强度模型（BLIM）如表 4 - 8、表 4 - 9、表 4 - 10 所示。

$$S_P = P_r \cos\theta \cdot S \qquad (4-1)$$

$$S_I = I_r \cos\theta \cdot S \qquad (4-2)$$

表 4 - 8   矩形平板的爆炸荷载强度模型(BLIM)

分布方式	矩形平板
非均匀分布	$(0,\ y,\ z)$ $R = \sqrt{L_e^2 + y^2 + (H_e - z)^2}$ $\theta = \cos^{-1} \dfrac{L_e}{\sqrt{L_e^2 + y^2 + (H_e - z)^2}}$ $S_{P,nu} = P_r \cos\theta \cdot S = \displaystyle\int_0^{H_{rp}} \int_{-\frac{L_{rp}}{2}}^{\frac{L_{rp}}{2}} P_r \cos\theta dy dz$ $S_{I,nu} = I_r \cos\theta \cdot S = \displaystyle\int_0^{H_{rp}} \int_{-\frac{L_{rp}}{2}}^{\frac{L_{rp}}{2}} I_r \cos\theta dy dz$
均匀分布	$R = L_e$ $\theta = 0$ $S_{P,u} = P_r \cdot S = \displaystyle\int_0^{H_{rp}} \int_{-\frac{L_{rp}}{2}}^{\frac{L_{rp}}{2}} P_r dy dz = P_r H_{rp} L_{rp}$ $S_{I,u} = I_r \cdot S = \displaystyle\int_0^{H_{rp}} \int_{-\frac{L_{rp}}{2}}^{\frac{L_{rp}}{2}} I_r dy dz = I_r H_{rp} L_{rp}$

表 4 - 9   圆柱壳的爆炸荷载强度模型(BLIM)

分布方式	圆柱壳
非均匀分布	$(x,\ y,\ z) = \left(\dfrac{D_{cs}\cos\beta}{2},\ \dfrac{D_{cs}\sin\beta}{2},\ z\right)$ $R = \sqrt{\left(L_e - \dfrac{D_{cs}\cos\beta}{2}\right)^2 + \left(\dfrac{D_{cs}\sin\beta}{2}\right)^2 + (H_e - z)^2}$ $\theta = \cos^{-1} \dfrac{L_e}{\sqrt{L_e^2 + y^2 + (H_e - z)^2}}$ $\theta = \cos^{-1} \dfrac{\dfrac{D_{cs}\cos\beta}{2}\left(L_e - \dfrac{D_{cs}\cos\beta}{2}\right) - \left(\dfrac{D_{cs}\sin\beta}{2}\right)^2}{\sqrt{\left(\dfrac{D_{cs}\cos\beta}{2}\right)^2 + \left(\dfrac{D_{cs}\sin\beta}{2}\right)^2}\sqrt{\left(L_e - \dfrac{D_{cs}\cos\beta}{2}\right)^2 + \left(\dfrac{D_{cs}\sin\beta}{2}\right)^2 + (H_e - z)^2}}$ $S_{P,nu} = P_r \cos\theta \cdot S = \displaystyle\int_0^{H_{cs}} \int_{-\cos^{-1}\frac{D_{cs}}{2L_e}}^{\cos^{-1}\frac{D_{cs}}{2L_e}} P_r \cos\theta \cdot \dfrac{D_{cs}}{2} d\beta dz$ $S_{I,nu} = I_r \cos\theta \cdot S = \displaystyle\int_0^{H_{cs}} \int_{-\cos^{-1}\frac{D_{cs}}{2L_e}}^{\cos^{-1}\frac{D_{cs}}{2L_e}} I_r \cos\theta \cdot \dfrac{D_{cs}}{2} d\beta dz$
均匀分布	$R = L_e - \dfrac{D_{cs}}{2}$ $\theta = 0$ $S_{P,u} = P_r \cdot S = \displaystyle\int_0^{H_{cs}} \int_{-\cos^{-1}\frac{D_{cs}}{2L_e}}^{\cos^{-1}\frac{D_{cs}}{2L_e}} P_r \dfrac{D_{cs}}{2} d\beta dz = D_{cs} P_r H_{cs} \cos^{-1} \dfrac{D_{cs}}{2L_e}$ $S_{I,u} = I_r \cdot S = \displaystyle\int_0^{H_{cs}} \int_{-\cos^{-1}\frac{D_{cs}}{2L_e}}^{\cos^{-1}\frac{D_{cs}}{2L_e}} P_r \dfrac{D_{cs}}{2} d\beta dz = D_{cs} I_r H_{cs} \cos^{-1} \dfrac{D_{cs}}{2L_e}$

表 4 - 10　球壳的爆炸荷载强度模型（BLIM）

分布方式	球壳
非均匀分布	$$(x, y, z) = \left(\frac{D_{ss}\cos\gamma\cos\beta}{2}, \ \frac{D_{ss}\cos\gamma\sin\beta}{2}, \ \frac{D_{ss}\sin\gamma}{2} + H_{ss} \right)$$ $$\gamma_1 = \cos^{-1}\frac{L_e}{\sqrt{L_e^2 + (H_e - H_{ss})^2}} + \cos^{-1}\frac{\dfrac{D_{ss}}{2}}{\sqrt{L_e^2 + (H_e - H_{ss})^2}}$$ $$\gamma_2 = \cos^{-1}\frac{L_e}{\sqrt{L_e^2 + (H_e - H_{ss})^2}} - \cos^{-1}\frac{\dfrac{D_{ss}}{2}}{\sqrt{L_e^2 + (H_e - H_{ss})^2}}$$ $$\sqrt{\left(\frac{D_{ss}\cos\gamma\cos\beta}{2} - \frac{\dfrac{D_{ss}}{2}\cos\gamma_1 + \dfrac{D_{ss}}{2}\cos\gamma_2}{2} \right)^2 + \left(\frac{D_{ss}\cos\gamma\sin\beta}{2} \right)^2 + \left(\frac{D_{ss}\sin\gamma}{2} - \frac{\dfrac{D_{ss}}{2}\sin\gamma_1 + \dfrac{D_{ss}}{2}\sin\gamma_2}{2} \right)^2}$$ $$\leqslant \frac{D_{ss}}{2}\sin\left(\cos^{-1}\frac{\dfrac{D_{ss}}{2}}{\sqrt{L_e^2 + (H_e - H_{ss})^2}} \right)$$ $$R = \sqrt{\left(L_e - \frac{D_{ss}\cos\gamma\cos\beta}{2} \right)^2 + \left(\frac{D_{ss}\cos\gamma\sin\beta}{2} \right)^2 + \left(H_e - \frac{D_{ss}\sin\gamma}{2} - H_{ss} \right)^2}$$ $$\theta = \cos^{-1}\frac{\dfrac{D_{ss}\cos\gamma\cos\beta}{2}\left(L_e - \dfrac{D_{ss}\cos\gamma\cos\beta}{2} \right) - \left(\dfrac{D_{ss}\cos\gamma\sin\beta}{2} \right)^2 + \dfrac{D_{ss}\sin\gamma}{2}\left(H_e - \dfrac{D_{ss}\sin\gamma}{2} \right)}{\dfrac{D_{ss}}{2}\sqrt{\left(L_e - \dfrac{D_{ss}\cos\gamma\cos\beta}{2} \right)^2 + \left(\dfrac{D_{ss}\cos\gamma\sin\beta}{2} \right)^2 + \left(H_e - \dfrac{D_{ss}\sin\gamma}{2} - H_{ss} \right)^2}}$$ $$S_{P,nu} = P_r\cos\theta \cdot S = \iint P_r\cos\theta \cdot \left(\frac{D_{cs}}{2} \right)^2 \mathrm{d}\beta\mathrm{d}\gamma$$ $$S_{I,nu} = I_r\cos\theta \cdot S = \iint I_r\cos\theta \cdot \left(\frac{D_{cs}}{2} \right)^2 \mathrm{d}\beta\mathrm{d}\gamma$$
均匀分布	$$R = \sqrt{L_e^2 + (H_e - H_{ss})^2} - \frac{D_{ss}}{2}$$ $$\theta = 0$$ $$S_{P,u} = P_r \cdot S = \iint P_r\left(\frac{D_{cs}}{2} \right)^2 \mathrm{d}\beta\mathrm{d}\gamma = \pi P_r\frac{D_{ss}^2}{2}\left(1 - \frac{\dfrac{D_{ss}}{2}}{\sqrt{L_e^2 + (H_e - H_{ss})^2}} \right)$$ $$S_{I,u} = I_r \cdot S = \iint I_r\left(\frac{D_{cs}}{2} \right)^2 \mathrm{d}\beta\mathrm{d}\gamma = \pi I_r\frac{D_{ss}^2}{2}\left(1 - \frac{\dfrac{D_{ss}}{2}}{\sqrt{L_e^2 + (H_e - H_{ss})^2}} \right)$$

3. 爆炸破坏强度模型（BDIM）

BLIM 表征了作用在结构上的爆炸荷载强度。但是，Chung Kim Yuen 与 Nurick（2005）指出：在实际场景中，结构约束对爆炸破坏程度有着重大影响。对三种典型结构采取以下约束假设：矩形平板与圆柱壳底部固定约束。球壳是由支撑杆支撑与约束的，为简化计算，将球壳地面中心点作为集合点，表征整个球壳结构约束，如图 4 - 3 所示。因此，建立考虑结构约束的爆炸破坏强度模型（BDIM），用来定量表征均匀或非均匀分布的爆炸荷载破坏，以 M_P 与 M_I 表示。三种目标结构表面的爆炸破坏强度模型（BDIM）如表 4 - 11 所示。

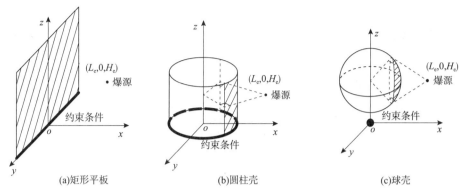

$$(a)矩形平板 \qquad (b)圆柱壳 \qquad (c)球壳$$

图 4-3 三种目标结构表面的约束

表 4-11 三种目标结构表面的爆炸破坏强度模型（BDIM）

分布方式	矩形平板	圆柱壳	球壳
非均匀分布	$M_{P,nu} = P_r \cos\theta \cdot S \cdot z$ $= \int_0^{H_{rp}} \int_{-\frac{L_{rp}}{2}}^{\frac{L_{rp}}{2}} P_r \cos\theta \cdot z \mathrm{d}y \mathrm{d}z$ $M_{I,nu} = I_r \cos\theta \cdot S \cdot z$ $= \int_0^{H_{rp}} \int_{-\frac{L_{rp}}{2}}^{\frac{L_{rp}}{2}} I_r \cos\theta \cdot z \mathrm{d}y \mathrm{d}z$	$M_{P,nu} = P_r \cos\theta \cdot S \cdot z$ $= \int_0^{H_{cs}} \int_{-\cos^{-1}\frac{D_{cs}}{2L_e}}^{\cos^{-1}\frac{D_{cs}}{2L_e}} P_r \cos\theta \cdot \frac{D_{cs}}{2} z \mathrm{d}\beta \mathrm{d}z$ $M_{I,nu} = I_r \cos\theta \cdot S \cdot z$ $= \int_0^{H_{cs}} \int_{-\cos^{-1}\frac{D_{cs}}{2L_e}}^{\cos^{-1}\frac{D_{cs}}{2L_e}} I_r \cos\theta \cdot \frac{D_{cs}}{2} z \mathrm{d}\beta \mathrm{d}z$	$M_{P,nu} = P_r \cos\theta \cdot S \cdot H_{ss}\cos\gamma$ $= \iint P_r \cos\theta \cdot \left(\frac{D_{cs}}{2}\right)^2 H_{ss}\cos\gamma \mathrm{d}\beta \mathrm{d}\gamma$ $M_{I,nu} = I_r \cos\theta \cdot S \cdot H_{ss}\cos\gamma$ $= \iint I_r \cos\theta \cdot \left(\frac{D_{cs}}{2}\right)^2 H_{ss}\cos\gamma \mathrm{d}\beta \mathrm{d}\gamma$
均匀分布	$M_{P,u} = P_r \cdot S \cdot z$ $= \int_0^{H_{rp}} \int_{-\frac{L_{rp}}{2}}^{\frac{L_{rp}}{2}} P_r z \mathrm{d}y \mathrm{d}z$ $= \frac{1}{2} P_r H_{rp}^2 L_{rp}$ $M_{I,u} = I_r \cdot S \cdot z$ $= \int_0^{H_{rp}} \int_{-\frac{L_{rp}}{2}}^{\frac{L_{rp}}{2}} I_r z \mathrm{d}y \mathrm{d}z$ $= \frac{1}{2} I_r H_{rp}^2 L_{rp}$	$M_{P,u} = P_r \cdot S \cdot z$ $= \int_0^{H_{cs}} \int_{-\cos^{-1}\frac{D_{cs}}{2L_e}}^{\cos^{-1}\frac{D_{cs}}{2L_e}} P_r \frac{D_{cs}}{2} z \mathrm{d}\beta \mathrm{d}z$ $= \frac{1}{2} D_{cs} P_r H_{cs}^2 \cos^{-1}\frac{D_{cs}}{2L_e}$ $M_{I,u} = I_r \cdot S \cdot z$ $= \int_0^{H_{cs}} \int_{-\cos^{-1}\frac{D_{cs}}{2L_e}}^{\cos^{-1}\frac{D_{cs}}{2L_e}} P_r \frac{D_{cs}}{2} z \mathrm{d}\beta \mathrm{d}z$ $= \frac{1}{2} D_{cs} I_r H_{cs}^2 \cos^{-1}\frac{D_{cs}}{2L_e}$	$M_{P,u} = P_r \cdot S \cdot H_{ss}\cos\gamma$ $= \iint P_r \left(\frac{D_{cs}}{2}\right)^2 H_{ss}\cos\gamma \mathrm{d}\beta \mathrm{d}\gamma$ $M_{I,u} = I_r \cdot S \cdot H_{ss}\cos\gamma$ $= \iint I_r \left(\frac{D_{cs}}{2}\right)^2 H_{ss}\cos\gamma \mathrm{d}\beta \mathrm{d}\gamma$

4. BDIM 与 BLIM 求解方法——基于 FEM 的单元叠加法

由于 BLIM 与 BDIM 中积分方程的复杂性，部分积分方程很难得到理论解析解。根据微积分原理，几何分割是求解积分方程的关键点。但是，目标结构表面增大了分割难度。因此，必须采用一种有效实现目标结构表面分割的方法。

有限元模型（FEM）单元是一种有效的分割方法。FEM 单元分割起初用于荷载时程曲线的加载理论。单元分割越多，荷载加载越准确。本节采用 FEM 单元来克服几何分割的难题。进而，提出一种基于 FEM 的单元叠加法来离散化目标结构表面，求解 BLIM 与 BDIM 中的积分方程。三种目标结构表面的作用面积单元如图 4-4 所示。

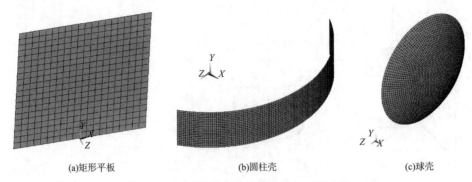

(a)矩形平板　　　　　(b)圆柱壳　　　　　(c)球壳

图4-4　三种目标结构表面的作用面积单元

基于 FEM 的单元叠加法程序如图4-5所示：

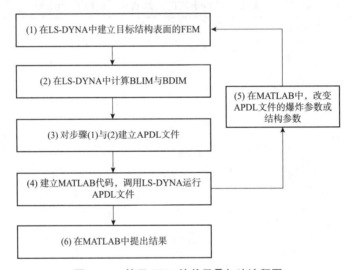

图4-5　基于 FEM 的单元叠加法流程图

(1)在 LS-DYNA 中运用 APDL 代码，建立目标结构表面的有限元模型(FEM)，提取单元信息，包括坐标、面积等，并将相应的爆炸荷载输入到单元中；

(2)在 LS-DYNA 中运用 APDL 代码，结合步骤(1)提取的单元信息与表4-8、表4-9、表4-10、表4-11中的 BLIM 与 BDIM 计算公式，得出 BLIM 与 BDIM 结果；

(3)对步骤(1)与(2)，以 TXT 形式建立 APDL 文件；

(4)在 MATLAB 中建立 MATLAB 代码文件，调用 LS-DYNA 运行 APDL 文件；

(5)在 MATLAB 中，改变 APDL 文件中的爆炸参数或结构参数，重复步骤(1)~(4)；

(6)在 MATLAB 中，提取 LS-DYNA 输出的 BLIM 与 BDIM 结果。

4.3　爆炸冲击波的非线性动力响应

爆炸冲击波多米诺效应事故的主要原因是在化工设备外表面由爆炸冲击波引起的爆炸荷载导致的设备破坏失效。爆炸荷载的加载方式主要包括三种：一是以爆炸冲击波强度参数代替设备的破坏失效。2009 年，张新梅等将峰值超压经验公式与正反射超压公式相结合表征对设备的破坏作用。2010 年，周成等从爆炸冲击波峰值超压、持续时间、冲量的角度研究了爆心距对设备破坏作用的影响。二是将爆炸荷载作为动力加载求解设备的动力响应，如经验爆炸荷载模型或压力时程曲线等。2008 年，潘旭海等通过数值模拟将爆炸荷载加载到圆柱形薄壁储罐，研究储罐的屈服失效过程。2011 年，朱正洋等通过数值模拟获得了双曲线型壳体结构外表面的超压荷载，并将该荷载加载到双曲线型冷却塔，研究其动力响应。2013 年，王春梅等将理想三角形爆炸荷载施加到有限元模型的不同单元，研究爆炸荷载下 LNG 储罐的应力与加速度响应。三是利用流固耦合算法，求解爆炸荷载作用下设备的动力响应。李波、路胜卓等运用流固耦合算法研究了浮顶罐与拱顶罐的爆炸动力响应与破坏失效机理。张博一等通过流固耦合算法模拟了爆炸荷载下球罐的动力响应。

爆炸荷载作用下化工设备动力响应的主要研究方法是有限元软件。目前，关于爆炸荷载作用下的化工设备主要集中在储罐（包括拱顶罐、浮顶罐、球罐等）、双曲线型冷却塔等壳体结构。在众多学者的研究中，爆炸荷载作用下化工设备动力响应的外界激励主要包括爆炸荷载加载位置、作用面积、作用时间等相关爆炸强度参数与储罐类型、储罐容量、储罐高径比、储罐顶盖形式、储液类型及液位高度等相关设备抗性参数，由外界激励引起的结构变化状态主要包括结构的破坏模式、爆炸荷载（压力）分布、应力分布、位移、加速度、应变、结构振动加速度、能量分布等。主要是通过参数的时程曲线或强度分布定性分析设备破坏失效特征，但与实际事故场景相比，有待研究的外界激励还包括同时或延时的多爆炸源、爆炸源高度与距离、设备类型、连接管道、保护结构等。

表 4 – 12 激励条件与变化状态之间的动力响应定量模型对比

作者	模型	符号说明
路胜卓	$a = -\dfrac{ki_s}{m_1 + m_2}\mathrm{e}^{-kt}$ $v = \dfrac{i_s}{m_1 + m_2}\mathrm{e}^{-kt}$ $w = \dfrac{i_s}{(m_1 + m_2)k}(1 - \mathrm{e}^{-kt})$	k 为罐壁质点加速度与速度的比例系数；t 为罐壁质点运动的时间，s；a 为罐壁质点任意时刻的加速度，m/s^2；v 为罐壁质点任意时刻的运动速度，m/s；w 为罐壁质点任意时刻的运动位移，m；m_1 为罐壁质点的质量，kg；m_2 为随罐壁质点具有相同运动效应的罐内液体质量，kg；J 为 Johnson 破坏数，值越大表示破坏程度越大；σ_D 为设备材料的动态屈服应力，Pa；ρ_t 为设备材料的密度，kg/m^3；θ 为设备的厚度，mm；i_s 为爆炸冲击波的冲量，Pa·s；L 为设备的长细比
Salzano 等	$J = \dfrac{i_s^{\,2}}{\rho_t \sigma_D} \times \dfrac{L}{\theta^3}$	

关于激励条件与变化状态之间的动力响应定量研究较少。2012 年，路胜卓根据质点系定量原理，建立了储罐罐壁质点沿径向运动的加速度、速度和位移与冲量之间的定量表达式，得出爆炸冲击波及罐内液体与罐壁耦合作用产生的冲量是导致罐体失稳破坏的主要原因。2015 年，Salzano 等以 Johnson 破坏数模型表征爆炸冲击波的破坏效应，考虑了爆炸冲击波冲量和设备材料及结构参数。表 4 – 12 为二种动力响应定量模型的对比。但是已有研究涉及的外界激励较少，不能充分表征动力响应规律。而动力响应模型包括以全尺寸或对称等分尺寸几何建模为基础的空间分布参数模型，及以少量节点代替响应参数详细空间分布的集中参数模型。前者偏微分方程复杂，而后者主要是常微分方程，求解相对简单，路

胜卓、Salzano 等的模型属于后者。目前，空间分布参数模型主要以有限元软件进行建模求解。众多学者利用空间分布参数模型得出动力响应的定量关系。例如：吴家俊等建立了地下密闭空间爆炸的空间分布参数模型（即有限元模型），得出了冲击波超压与密闭空间深度之间的定量响应关系。纪冲等通过圆柱壳局部冲击的空间分布参数模型（即有限元模型），得出了圆柱壳临界破裂速度与周向撞击角的定量响应关系。贾梅生等运用集中参数模型定量表征了火灾环境设备热响应。因此，为了综合考虑爆炸冲击波强度参数与设备抗性参数，定量化表征强度参数与抗性参数对设备破坏失效动力响应的影响，需要通过空间分布参数模型或集中参数模型开展动力响应的定量研究。

4.4　爆炸冲击波破坏概率计算

化工行业安全标准需要对化工设备全生命周期的安全进行评估，定量风险评估（Quantitative risk analysis，QRA）通常处于安全评估的末段。对复杂的化工设备或化工园区开展定量风险评估通常需要对事故时间历程与事故后果评估进行简化。然而，结构响应数值仿真或理论（单自由度系统方法等）过于繁杂且不符合快速评估的实际要求。因此，基于可得到的爆炸冲击波作用下化工设备破坏事故数据，建立设备破坏失效与静态峰值超压之间的简化化工设备破坏概率计算模型证明是可行的。

爆炸冲击波作用下化工设备破坏失效概率计算方法主要包括三种：超压阈值方法、比例方法、Probit 模型方法，其中以 Probit 模型方法应用与发展最为广泛。

三种方法均以事故数据统计为基础，精确性依赖于数据样本的数量以及一致性，忽略了冲击波与设备之间复杂的动力响应过程。以静态峰值超压的表征方式过于简化，未充分考虑正相持续时间、冲量等其他强度参数、设备的抗性特征以及冲击波的作用过程和作用方式。爆炸冲击波的毁伤效应不仅与超压有关，也与正相持续时间有关，时间越长则破坏越大，说明了正相持续时间、冲量等其他强度参数对动力响应过程的重要影响。不同设备具有不同的结构参数、材料参数等抗性参数。同时，Cozzani 指出冲击波与设备之间的流固耦合作用存在着反射、绕流、流体分离等复杂现象，冲击波与设备之间的作用过程和作用方式对动力响应存在重要影响。因此，考虑爆炸冲击与设备破坏过程的概率计算方法尤为必要，结合仿真软件的随机有限元（SFEM）方法是一种有效的概率计算方法。

4.4.1　超压阈值方法

超压阈值方法，核心是爆炸冲击波静态峰值超压阈值。当爆炸冲击波静态峰值超压超过阈值时，化工设备被破坏。反之，化工设备未被破坏。然而，已有研究提出的静态峰值超压阈值并不统一，变化范围为 7 ~ 70kPa。做成静态峰值超压阈值不确定性的原因是不同研究考虑的设备破坏因素（设备破裂、设备位移、设备连接处位移等）不同。1998 年，Gledhill 和 Lines 提出的常压容器与压力容器的静态峰值超压阈值分别为 7kPa 和 38kPa。Khan 和 Abbasi 等将 70kPa 作为所有设备的静态峰值超压阈值，见表 4 – 13。

表4-13 化工设备破坏失效概率计算方法：静态峰值超压阈值方法

方法	学者	公式
静态峰值 超压阈值方法	Gledhill 和 Lines 等(1998)	$P_s < \Delta P_{th}: F_d = 0$ $P_s > \Delta P_{th}: F_d = 1$ 对常压容器，$\Delta P_{th} = 7\text{kPa}$，对压力容器 $\Delta P_{th} = 38\text{kPa}$
	Khan 和 Abbassi 等	$\Delta P_{th} = 70\text{kPa}$

注：P_s 为静态峰值超压；F_d 为破坏失效概率；ΔP_{th} 为静态峰值超压阈值。

4.4.2 比例方法

比例方法，核心是以静态峰值超压阈值确定最大影响距离。1991 年，Bagster 和 Pitblado 提出了爆心距与爆炸冲击波最大影响距离的比例方法。假设爆心处的爆炸冲击波破坏概率为 1，距离 R_{th} (静态峰值超压等于超压阈值处)的爆炸冲击波破坏概率为 0，通过比例公式求解爆心距在 $0 \sim R_{th}$ 之间的爆炸冲击波破坏概率。该方法存在的问题是爆源附近的破坏失效概率可能小于 1，与实际爆源附近的概率一定等于 1 不符。2001 年 Cozzani 提出了改进的比例方法，将 $0 \sim \frac{1}{2}R_{th}$ 的爆心距范围确定为破坏失效概率等于 1 的爆源范围，使其更接近实际，见表 4-14。

表4-14 化工设备破坏失效概率计算方法：比例方法

方法	学者	公式
比例方法	Bagster 和 Pitblado(1991)	$$F_d = \left(1 - \frac{R}{R_{th}}\right)^2$$ 式中，R 为到爆源中心的距离，m；R_{th} 为静态超压等于 ΔP_{th} 时到爆源中心的距离，m；ΔP_{th} 为静态峰值超压阈值，对所有设备 $\Delta P_{th} = 36\text{kPa}$
	Cozzani(2001)	$$F_d = \begin{cases} 1, & R < \frac{1}{2}R_{th} \\ \left(\frac{3}{2} - \frac{R}{R_{th}}\right)^2, & \frac{1}{2}R_{th} \leqslant R \leqslant \frac{3}{2}R_{th} \\ 0, & R > \frac{3}{2}R_{th} \end{cases}$$ 式中，R_{th} 为 25% 破坏失效概率的静态超压时的爆心距，m；ΔP_{th} 为静态峰值超压阈值，对所有设备 $\Delta P_{th} = 36\text{kPa}$

注：F_d 为破坏失效概率。

4.4.3 Probit 模型方法

Probit 模型方法，核心是根据设备破坏失效的严重程度定义破坏失效概率。Probit 模型的数据库统计了不同设备的破坏失效严重程度及相应的静态峰值超压。

1971 年，Finney 提出了 Probit 模型方法。该方法由于简便性与需求的额外条件少而得到广泛应用，尤其在医学剂量领域。

1975 年，Eisenberg 等首次提出了爆炸冲击波破坏概率的 Probit 模型方法，通过定义概率单位 Y 将化工设备破坏程度与静态峰值超压联系到一起。其模型参数基于设备移动导致设备发生变形或连接管线断裂的实验研究，没有考虑设备的直接灾难性破坏失效。

1998 年，Khan 等在 Eisenberg 的 Probit 模型基础上，以总的峰值超压（静态峰值超压与动态压力之和）代替静态峰值超压，与设备破坏失效的概率单位关联，其他参数保持不变。方法的主要缺陷在于 Probit 模型的两个关键参数 k_1、k_2 沿用了 Eisenberg 等提出的参数，然而它们的统计基础是不一样的。同时，Eisenberg 等与 Khan 等提出的 Probit 模型方法忽略了不同设备类型之间的差异性，与数据库样本的误差达 500%。研究表明不同设备类型的峰值超压破坏阈值的变化范围超过一个量级。

2004 年，Cozzani 等定义了三种级别的设备破坏失效场景，并将设备分为常压容器、压力容器、塔设备、辅助设备四类，得到了不同设备类型的 Probit 模型，提高了 Probit 模型的准确性，与数据库样本的误差降为 55.09%。其中常压容器的 Probit 模型与 Khan 的 Probit 模型相近，间接说明了考虑不同设备类型的准确性。

三种级别的设备破坏失效场景主要通过损失状态 DS（Damage States）与容器物质泄漏的严重程度（Loss Intensity）表征。用损失状态 DS（Damage States）描述设备破坏失效程度，主要指设备的结构破坏失效程度，分为两个级别：DS1，结构或辅助设备的轻微破坏失效；DS2，强烈的或灾难性的破坏失效，甚至结构的整体倒塌，一般伴随容器物质的大量泄漏。大部分关于设备破坏失效的实验或模型研究都是关于设备的结构破坏失效，因此，阈值研究的第一步即确定两个损失状态对应的阈值大小，$P_{t,\text{DS1}}$ 与 $P_{t,\text{DS2}}$。然而 DS 还不足以充分地描述扩展事故的场景，容器物质泄漏的严重程度也是另一个重要的方面。影响容器物质泄漏及其事故后果严重程度的主要原因是泄漏速率，影响泄漏速率的原因则包括两个方面：①泄漏孔径，与 DS 相关；②容器储存流体的物理属性与储存条件。根据 TNO "purple book" 的研究，将容器物质泄漏的严重程度定义为 LI（Loss Intensity），并分为三个级别：LI1，轻微的，容器物质部分泄漏或全部泄漏的时间超过 10min；LI2，严重的，容器物质在 1~10min 之间全部泄漏；LI3，灾难性的，容器物质全部瞬间泄漏。

对于 LI1 级别的物质泄漏，相较于可燃物质，高毒性物质产生的事故后果是非常严重的，然而多米诺效应事故与局部火灾仍有发生的可能性，因为自动喷淋灭火系统往往很容易失效，另一方面，发现物质轻微泄漏并采取人工干预的时间一般都有可能超过 30min。另外，冲击波很容易造成储罐装置人工或自动减损装置的故障失效，如自动喷淋灭火系统、自动安全泄压阀以及联锁系统等，因此 LI1 级别的冲击波阈值是关键的，并需要保守的估计。

对于 LI2 级别的物质泄漏，人工或自动地干预物质泄漏过程仍然是有效的，然而对于伴随的火灾、爆炸等事故类型，减损措施的成功概率是较低的，并且这个级别的冲击波阈值，一般都会造成各种减损装置的部分故障失效，因此，LI2 级别的冲击波阈值是不可挽回的，除非有特殊的装置用以阻止扩展事故的发生，例如水幕系统。

对于 LI3 级别的物质泄漏，任何干预措施都是无效的，因为泄漏过程是瞬时发生的，

LI3 级别的冲击波阈值刚好符合扩展事故发生的必然性要求。因此，尽管 DS 与 LI 的定义与假设仍有很多不可避免的不确定性，但是依然可以将 DS1 与 LI1 关联，DS2 与 LI2、LI3 关联，并需要确定三个关键冲击波阈值，$P_{t,DS1-LI1}$、$P_{t,DS2-LI2}$、$P_{t,DS2-LI3}$。

2008 年，Zhang 等重新定义了设备破坏失效严重程度，设备类型保持不变，与数据库样本的误差降为 14.1%。2013 年，Sun 等将设备破坏失效严重程度作为随机参数变量，验证了 Zhang 的 Probit 模型的合理性和有效性。

由于设备分类不充分，Cozzani 与 Zhang 的同一类型的设备之间存在较大(或较小)的破坏失效概率对应较小(或较大)的静态峰值超压等问题。2017 年，Mukhim 和 Abbasi 等针对该问题，将设备进一步细分为十三类，并扩展了设备破坏失效严重程度，得到的 Probit 模型回归系数均在 0.8 以上，但与数据库样本的误差有所增大，主要原因除了数据样本的差异性，还包括不同材料或尺寸的同类型设备抗冲击能力的差异性，如表 4-15 所示。

表 4-15 化工设备破坏失效概率计算方法：Probit 模型方法

方法	学者	公式
Probit 模型方法	Eisenberg	$Y = -23.8 + 2.92\ln(P_s)$
	Khan 和 Abbasi 等(1998)	$\begin{cases} F_d = 0, & P_s < 70kPa \\ Y = -23.8 + 2.92\ln(P_s), & P_s \geq 70kPa \end{cases}$
	Cozzani 和 Salzano(2004)	$Y = \begin{cases} 18.96 + 2.44\ln(P_s), & 常压容器 \\ -42.44 + 4.33\ln(P_s), & 压力容器 \\ 28.07 + 3.16\ln(P_s), & 塔设备 \\ -17.79 + 2.18\ln(P_s), & 辅助设备 \end{cases}$
	Zhang 等(2008)	$Y = \begin{cases} -9.36 + 1.43\ln(P_s), & 常压容器 \\ -14.44 + 1.82\ln(P_s), & 压力容器 \\ -12.22 + 1.65\ln(P_s), & 塔设备 \\ -12.42 + 1.64\ln(P_s), & 辅助设备 \end{cases}$
	Mukhim 和 Abbasi 等(2017)	$Y = \begin{cases} -88.88 + 8.79\ln(P_s), & 卧式压力容器 \\ -49.16 + 4.93\ln(P_s), & 球形压力容器 \\ -248.00 + 22.33\ln(P_s), & 立式压力容器 \\ -13.31 + 2.02\ln(P_s), & 锥顶式常压容器 \\ -22.74 + 3.00\ln(P_s), & 其他常压容器 \\ -15.79 + 2.02\ln(P_s), & 浮顶式常压容器 \\ -6.56 + 1.24\ln(P_s), & 冷却塔 \\ -35.10 + 3.95\ln(P_s), & 分馏塔 \\ -55.89 + 5.63\ln(P_s), & 萃取塔 \\ -22.67 + 2.67\ln(P_s), & 分解反应釜 \\ -26.76 + 3.08\ln(P_s), & 其他化学反应器 \\ -201.20 + 18.98\ln(P_s), & 热交换器 \\ -17.42 + 2.19\ln(P_s), & 过滤装置 \end{cases}$

注：Y 为 Probit 概率单位；F_d 为破坏失效概率；P_s 为静态峰值超压。

4.4.4 随机有限元(SFEM)方法

爆炸荷载作用下设备破坏概率是化工园区爆炸冲击波多米诺效应定量风险评估(QRA)的关键环节。采用基于随机有限元(SFEM)的方法来确定设备破坏概率,并进行易损性分析。由于材料特性、尺寸、结构响应、爆炸荷载、破坏等均存在较大的不确定性,采用蒙特卡洛和数值方法,基于LS-DYNA对浮顶罐的破坏进行模拟,并估算最大等效应力。通过现有实验数据,验证有限元建模方法的有效性。通过易损性分析,可得以下结论:浮顶罐顶部圈板的厚度导致了相近的临界峰值反射超压;相比于基于事故数据统计的Probit模型,基于SFEM的方法从结构响应角度分析破坏概率,结果更准确。

由于爆炸荷载与浮顶罐抗性不是相互独立的,浮顶罐的爆炸易损性分析非常复杂。浮顶罐的动力响应可通过非线性的有限元模型(FEM)进行计算。因此,通过结合LS-DYNA与蒙特卡洛方法,运用随机有限元(SFEM)计算浮顶罐破坏概率。SFEM的结果更加符合真实响应过程而没有太多的简化。SFEM的基本流程如下:

(1)利用爆炸荷载方程随机生成已知爆炸质量W的峰值反射超压P_r、到达时间T_a、正相持续时间T_d、爆源高度H_1、爆源水平距离L;

(2)随机生成4个独立变量:密度ρ、杨氏模量E、剪切模量E_{tan}、油液高度h_{liquid};

(3)采用生成的变量作为输入参数,从FEM整个模拟过程中,提取出最大等效应力σ_{max};

(4)重复步骤(1)~(3),从而得到每个蒙特卡洛模拟的最大等效应力σ_{max};

(5)从N次每个蒙特卡洛模拟中,提取概率信息。

爆炸荷载B作用下破坏状态的概率为:

$$P(D \mid B) = \frac{n[\sigma_{max} \geq \sigma_0]}{N} \qquad (4-3)$$

式中,$n[\ ]$是D符合损伤标准时的实现次数,N是模拟运行的次数。

4.5 爆炸冲击波多米诺效应案例分析

为更好地说明爆炸冲击波对多米诺效应升级的影响,本文以某住宅区附近的工业设施为分析对象进行案例分析。工业设施所在区域概况如图4-6(a)所示,工业设施布局如图4-6(b)所示。在工厂的储存区域存在储存危险物质的储罐,储罐的主要特征参数见表4-16。考虑的场景有:

场景1:只有主要事故场景发生(不考虑多米诺效应)

场景2:内部过程失效引发多米诺效应(例如:初始火灾作用周边过程设备)

场景3:在工业设施区域外的P1位置发生炸药(50000kg AN/dolomite)爆炸的严重恐怖袭击

场景4:在工业设施区域外的P2位置发生炸药(50000kg AN/dolomite)爆炸的严重恐怖袭击

场景5:在工业设施区域内的P3位置发生炸药(50kg 熵炸药TATP)爆炸的轻微恐怖袭击

表4-17总结了每个储罐的初始事故场景与二次事故场景。

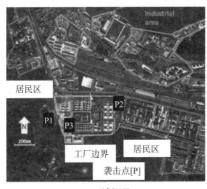
(a)区域概况

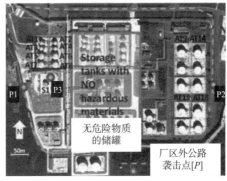
(b)工业设施布局

图4-6　爆炸冲击波多米诺效应案例(Gabriele Landucci, Genserik Reniers, 2015)

表4-16　储罐的主要特征

编号	类型	储存的介质类型	直径/m	高度/m	存量/t	操作压力/bar
AT1~AT4	常压容器	乙醇	12	14.4	900	0.1
AT5~AT8	常压容器	苯	18	9	1500	0.1
AT9~AT18	常压容器	石油产品	21	9	1700	0.1
S1	压力容器	丙烷	12	—	300	8.5

表4-17　案例中设备的初始事故场景与二次事故场景(多米诺效应升级)

编号	初始事故场景	过程失效导致的二次事故场景	袭击P1导致的二次事故场景	袭击P2导致的二次事故场景	袭击P3导致的二次事故场景
AT1	池火[a]	不升级	池火[a]	不升级	不升级
AT2	池火[a]	不升级	不升级	不升级	不升级
AT3	池火[a]	不升级	池火[a]	不升级	不升级
AT4	池火[a]	池火[a]	不升级	不升级	不升级
AT5~AT7	池火[a]	池火[a]	池火[a]	不升级	不升级
AT8	池火[a]	—[b]	池火[a]	不升级	不升级
AT9~AT18	池火[a]	不升级	不升级	池火[c]	不升级
S1	喷射火	火球	火球	不升级	火球

注：a. 存在围堰(面积 $A=1200m^2$，高度 $H=1.5m$)；

　　b. 该储罐破裂导致过程失效引发的多米诺效应升级；

　　c. 存在围堰(面积 $A=1400m^2$，高度 $H=1.5m$)。

在场景2中，储罐AT8破裂导致的池火是引发多米诺升级的初始场景。根据热辐射阈值确定可能的升级目标设备。对于每个事故场景，应用Probit模型计算出1%死亡率的轮廓线，进而通过轮廓线可以识别出死亡率高于1%的区域。

图4-7给出了不同炸药质量下峰值超压与距离之间的函数关系。根据图4-7(a)，

只有在接近目标设备时 TATP 爆炸才会产生影响。在图 4-7(b)中，即使效率和爆炸分数受到限制，大量的 AN/dolomite(50/50)与柴油混合炸药对几百米外的设备与结构都有显著影响。

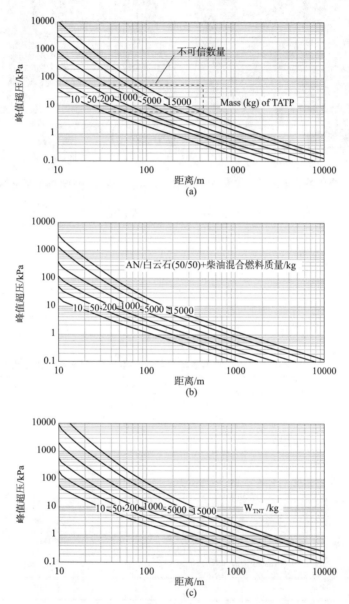

图 4-7　峰值超压与距离爆炸中心的距离、爆炸量的函数关系图
(Gabriele Landucci, Genserik Reniers, 2015)

安全距离为爆炸不会造成破坏的距离。图 4-8 给出了不同类型工业设备的安全距离，安全距离是炸药质量的函数。图 4-8(a)是针对常压设备，图 4-8(b)与图 4-8(c)是针对不同类型的压力设备。通过图 4-8 的安全距离，可以分辨出可能导致升级的目标设备。

图 4-9 给出了场景 1 的事故后果分析。图 4-9(a)展示了初始事故场景的 1% 死亡率

轮廓线。值得注意的是一些曲线延伸到工业设施区域的围墙外，但是场景影响到靠近工业设施区域东部和北部边界的居民区。图4-9（b）展示了储罐AT8围堰内池火的等辐射线，图中几个储罐暴露在严重的热辐射之下，存在火灾引发事故升级，造成多米诺效应的可能性。

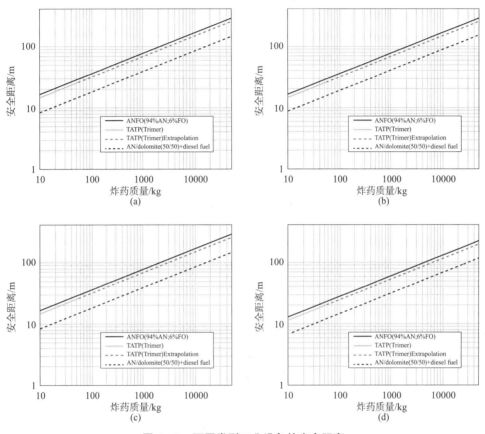

图4-8　不同类型工业设备的安全距离

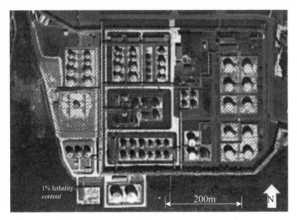

(a)与初始事故场景相关的易损性图(1%死亡率)

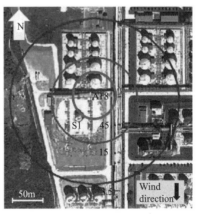

(b)储罐AT8围堰内池火的等辐射线/(kW/m²)

图4-9　场景1的后果分析

图 4-10 给出了由过程失效或外部袭击导致的多米诺效应场景。图 4-10(a) 是内部过程失效导致升级的场景。根据袭击位置的不同，即使使用大量炸药，多米诺效应场景所产生的影响也是不同的。特别的是，如果在工业设施区域外的 P2 位置发生严重恐怖袭击，爆炸可能只会影响工业设施区域东侧的储罐，从而导致二次池火，但不会影响居民区。

球罐 S1 的灾难性失效将导致火球，一种极其严重的事故场景。如图 4-10(b) 所示，爆炸引发的二次事故的 1% 死亡率轮廓线(左斜线圈)包含爆炸初始事故场景的 1% 死亡率轮廓线(交叉斜线圈)，说明了与袭击位置相关的敏感性。

(a)场景2:内部过程失效导致升级

(b)场景3:P1位置(工业设施外)受到严重恐怖袭击导致升级

(c)场景4: P2位置(工业设施外)受到严重恐怖袭击导致升级

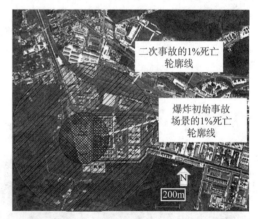

(d)场景5:P3位置(工业设施内)受到较弱恐怖袭击导致升级

图 4-10 易损性图(Gabriele Landucci, Genserik Reniers, 2015)

图 4-10(c) 中的左斜线圈表示爆炸引发的二次事故的 1% 死亡率轮廓线，右斜线圈表示爆炸初始事故场景的 1% 死亡率轮廓线。左斜线圈在工业设施区域内部，右斜线圈反而影响更大。在场景 3 中，如果袭击位置由 P2 到 P1，爆炸威力将足够大而影响到球罐 S1(储存加压液化丙烷)。

在较弱恐怖袭击(场景 5)下也得到同样的结果，炸药不会对居民区造成破坏，但有可能破坏工业设施区域内的设备。图 4-10(d) 展示了场景 5 的结果。即使场景 5 的炸药重量比场景 3 的低 3 个数量级，但 TATP 爆炸也可以影响到压力球罐 S1，进而导致火球，造成与场景 3 相同的后果。

在内部过程失效引发的多米诺效应(场景 1)中，火球是最终的事故场景，但是与其他场景相比，后果影响更大。在场景 1 中，储罐破裂前内部液体达到更高的压力和温度，有着更高的能量潜力。因此，当储罐发生破裂时，由过程失效导致的升级将有着更大的危害性。

通过上述分析，可知只有将炸药放置在工业设施内或非常靠近设备的位置时，才会引发由恐怖袭击引起的多米诺效应。因此，适当的现场安全防护措施可以有效防止事故的发生。另外，在工业设施外的恐怖袭击，也只有接近关键设备时才可能引发多米诺效应升级，而在其他情况下，相关后果只与对居民区的破坏有关。

4.6 爆炸冲击波多米诺效应升级准则

可能形成冲击波多米诺升级效应的场景包括自由场和部分受限气体/蒸气爆炸、密闭空间爆炸(包括泄爆和无泄爆措施的设备内气体、蒸气和粉尘爆炸以及失控反应)、机械爆炸(由气体或液体机械压缩超过容器设计压力后容器失效导致)以及凝聚相点源爆炸，此外还有沸腾液体扩展蒸气云爆炸(BLEVE)。依据爆炸种类不同，爆炸冲击波具有不同的形状、持续时间和峰值超压。当设备与爆炸源之间距离较远(或最大峰值超压低于 50kPa)，设备损伤可能仅与峰值超压相关，同时要注意的是，设备本身的结构特征是不能忽略的，在冲击波多米诺效应评估中结构损伤阈值与事故场景升级阈值并不一定一致。

爆炸波与不同设备相互作用引发的结构损伤和多米诺效应升级的超压阈值如表 4-18 所示。

表 4-18 爆炸波与不同设备相互作用引发的结构损伤和多米诺效应升级的超压阈值

阈值类型	灾害种类	设备类型			
		常压设备/kPa	承压设备/kPa	管道设备/kPa	辅助设备/kPa
破坏	所有灾害	5	35	17	12
文献，升级	易燃	16	30	37	可能性低
	有毒	16	30	14	37
模糊，升级	易燃	22	16	31	—
	有毒	22	16	16	—
参考阈值，升级	易燃	22	16	31	可能性低
	有毒	22	16	16	31

注："易燃"和"有毒"是指被冲击波损坏的二次设备中存储的危险物质。

此处给出了超压阈值是基于实验和案例总结出了较一般性数值，对于不同工况，超压阈值有一定的变动。

第 5 章　爆炸碎片效应

5.1　概述

在设备项目发生灾难性故障后，碎片抛射是工业事故的重要场景。在已有事故记录中碎片抛射都是人员死亡、受伤和工艺设备损坏的重要原因。此外，碎片抛射是工业事故多米诺效应传播与升级的更重要原因之一。碎片抛射距离可能非常高(可能高达 1km)，并且抛射的碎片能够在与主要事故场景相关的距离处产生二次事故。

设备在爆炸碎片影响下的破坏失效存在很大不确定性，但是事故却非常多见，《过程工业损失预防百科全书》(Lees' Loss Prevention in the Process Industries – 3rd edition)中列举了 1962 ~ 1989 年之间，全球范围内 16 起典型的爆炸碎片触发的重大化工事故。爆炸碎片一旦击中目标容器，可能会击穿壳体、嵌入壳体或者弹飞，目标容器可能发生穿孔破坏失效或塑性破坏失效，引发多米诺效应事故。当前，关于爆炸碎片抛射引发多米诺效应事故的研究主要集中在碎片击中、破坏目标容器概率评估方面，涉及到化工容器爆炸能量、碎片的尺寸、速度、抛射角等。

5.2　爆炸碎片识别与表征

5.2.1　碎片数量

爆炸碎片数量与容器类型、事故场景以及破裂方式(韧性破裂、脆性破裂)密切相关。早期，Holden 和 Reeves 统计分析了 106 起爆炸碎片抛射历史事故，由于进行接近事故场景的实验十分困难，所以他们的统计成为此后学者研究爆炸碎片随机参数的重要参考资料。Gubinelli 综合分析了 Holden 的事故统计、科技文献、事故数据库(MARS 等)的 143 宗爆炸碎片抛射事故，得出结论：卧式储罐事故数量最多，占 70.6%；球罐次之，占 7.0%。历史事故中由 BLEVE 引发的碎片抛射占绝大多数，且通常只产生 1 ~ 2 个碎片，其事故数量占比 65.3%。Nguyen 统计研究了 31 起共产生了 76 个爆炸碎片的 BLEVE 历史事故，得出因外部火灾引起的 BLEVE 平均每起事故产生 2.87 个碎片，非火灾引起 BLEVE 的情况下这一数据为 2.34 个，并指出卧式储罐的尺寸对爆炸碎片的数量没有明显影响。表 5 – 1 是不同事故类型与产生的爆炸碎片数量对照。

表 5 – 1　不同事故类型与产生的爆炸碎片数量对照

事故场景	爆炸碎片数量/个				
	1	2	3	4	5
（BLEVE）	5	56	35	3	0
物理爆炸	0	6	1	1	0
约束爆炸	0	9	0	0	1
失控反应	2	3	1	0	1

2001 年，Hauptmanns 对 46 起产生爆炸碎片的事故分析表明，卧式储罐爆炸产生的碎片数量服从对数正态分布，其均值为 0.85516，标准差为 0.52448，见式(5 – 1)，该分布在以后的碎片击中概率评估中被广泛采用。2009 年，Nguyen 在 Baum 的事故统计基础上，绘制了卧式储罐碎片数量频率分布直方图，并依据最大熵原理得出了碎片数量概率密度函数呈指数分布，见式(5 – 2)。

$$n_f = \exp\left(\sqrt{-2\ln Z_1}\cos(2\pi Z_2)0.52448 + 0.85516\right) \tag{5 – 1}$$
$$p(n_f) = \exp\left(-0.8145 - 0.2252n_f - 0.0321n_f{}^2\right) \tag{5 – 2}$$

式中，n_f 为爆炸碎片数量；Z_1、Z_2 是[0，1]区间上的 2 个相互独立的随机数。

裂纹可能产生于球罐任意位置，爆炸分离的端盖也可能分裂形成平板碎片，以 Holden 统计的 7 起球罐爆炸事故分别产生 3、4、5、5、6、16、19 块碎片的数据为基础，认为球罐碎片数量为[0，19]区间上的均匀分布。以 7 个样本得出均匀分布的结论欠缺样本支撑，并且没有考虑球罐体积对碎片数量的影响，因为更大的体积表明有更多的裂纹扩展可能性。Gubinelli 以 13 起球罐爆炸事故统计为支撑，考虑了球罐体积的影响，提出球罐碎片数量模型，见式(5 – 3)。

$$n_f = -0.425 + 6.115 \times 10^{-3} V_t \tag{5 – 3}$$

式中，n_f 为碎片数量；V_t 为化工容器体积。

5.2.2　碎片形状

爆炸碎片形状取决于容器类型以及裂纹扩展方式。1988 年，Holden 对卧式储罐工业事故统计分析后发现，共有 44 块端盖，57 块平板以及 86 块长端盖碎片，所占比例分别为 23.5%、30.5% 和 46%，这一研究成果被后来的碎片击中概率评估所采用。2009 年，Gubinelli 对 133 起卧式储罐产生爆炸碎片事故研究后，提出 23 种容器破裂模式，其中，CV2、CV3、CV7 占到所有破裂模式的 83.5%，并得出每种破裂模式产生碎片形状的条件概率，如表 5 – 2，Gubinelli 的研究在一定程度上提高了确定爆炸碎片数量、形状的准确性，评估对象确定之后，就可以结合可能的事故场景来预估碎片形状及其对应的概率。关于球罐碎片形状，因缺乏历史事故数据，碎片击中概率评估普遍采用 20% 端盖型碎片、80% 平板型碎片这一比例。

表 5-2 不同破裂模式下各形状碎片产生的条件概率

破裂模式	编号	碎片类型	碎片数量	条件概率
	CV2	端盖2	1	1
		端盖2	1	0.28
		平板		0.72
	CV3	端盖2	1	1
		端盖2	1	1
		端盖1	1	1
	CV7	端盖2	2	1
		平板	1	1

5.2.3 碎片质量

化工容器爆炸事故中产生的碎片质量从十几千克到几吨不等，如 1993 年意大利米拉佐炼油厂的一个 56m³ 的热油储罐发生爆炸事故，共产生 41 块爆炸碎片，最小的碎片 15kg，最大的碎片 3860kg。2001 年，Hauptmanns 提出了卧式储罐爆炸碎片质量计算方法，见式(5-4)、式(5-5)。2009 年，Nguyen 提出了一种在碎片形状、尺寸、材质确定前提下的碎片质量计算方法，见式(5-8)。关于球罐，因缺乏碎片质量分布的统计数据，假设每块碎片质量相等。当然，如果碎片其他相关参数已确定，同样可以由式(5-6)得出碎片质量。

$$m_f = k_0 M_t \tag{5-4}$$

式中，m_f 为碎片质量；M_t 为储罐总质量；k_0 是服从 Beta 分布的因子。

$$p(k_0) = B(k_0) \frac{\Gamma(a_f + b_f)}{\Gamma(a_f) \cdot \Gamma(b_f)} k_0^{a_f-1} (1 - k_0)^{b_f-1} \tag{5-5}$$

式中，$\Gamma( )$ 为 Gamma 函数；$a_f = 0.412$；$b_f = 1.393$；$B(k_0) = 1$，当 $k_0 \in [0, 1]$，否则取 0。

$$m_f = V_f \rho_f \tag{5-6}$$

式中，V_f 为碎片体积；ρ_f 碎片密度。

5.2.4 碎片抛射速度

储罐被撕裂后，碎片在爆生产物作用下加速，这个加速过程时间较短，且作用力远远大于空气阻力及碎片重力，因此爆生产物膨胀对爆炸碎片加速的短暂过程中，通常不考虑空气阻力和重力作用。爆炸后爆生产物迅速膨胀、压力迅速降低直至极限压力(大气压)为止。由于降压膨胀速度很快，可视为绝热多方过程，多方过程状态方程如下：

$$pv^\gamma = \text{const} \tag{5-7}$$

式中，p 为气体压力；v 为气体体积；γ 为气体绝热常数。

对于爆生产物的多方膨胀，在容器爆裂瞬间及膨胀过程中任意时刻的比体积分别为：

$$v = V/m = \begin{cases} \dfrac{4}{3}\pi r^3/m \,(\text{球形容器生产物球形膨胀}) \\ \pi r^2 H/m \,(\text{柱形容器生产物球形膨胀}) \end{cases} \tag{5-8}$$

式中，r 为球形半径，m^3；H 为柱形高度，m。

根据爆生产物膨胀多方过程状态方程，得到爆生产物膨胀压力衰减方程：

$$p_0 r_0^{n_f \gamma} = p r_f^{n_f \gamma} \tag{5-9}$$

式中，r 为距爆心距离，p 为膨胀压力。

根据式(5-9)，可求解得到爆生产物压力衰减至大气压时爆生产物的膨胀距离 r_a。容器爆炸瞬间压力无法实时检测，根据不同失效条件可由经验确定，爆生产物膨胀推动爆炸碎片所做的功转化为爆炸碎片的动能。爆生产物的膨胀压力为非恒定力，其对爆炸碎片所做的功计算公式如下：

$$W = \int_{r_0}^{r_a} S p \, \mathrm{d}r \tag{5-10}$$

对式(5-10)积分，求得爆生产物膨胀压力对爆炸碎片做功计算公式：

$$W = \frac{S p_0 r_0}{1 - n_f \gamma} \left[\left(\frac{r_0}{r} \right)^{n_f \gamma - 1} - 1 \right] \tag{5-11}$$

爆生产物膨胀压力对爆炸碎片所做的功全部转化为爆炸碎片的动能：

$$W = \frac{1}{2} \delta S \rho_f v_{\text{Fragment}}^2 \tag{5-12}$$

联立式(5-11)，得到爆炸碎片抛射初速度计算公式：

$$v_{\text{Fragment}} = \sqrt{\frac{2 p_0 r_0}{n_f \gamma - 1} \left[1 - \left(\frac{r_0}{r_a} \right)^{n_f \gamma - 1} \right]} \tag{5-13}$$

上述式中，λ 为多方指数，s 为压力作用面积，p_0 为初始爆生产物压力，r_0 为容器半径，r_a 为爆生产物压力衰减至大气压力时的膨胀距离，ρ_f 为碎片密度，n_f 为形状系数。

由式(5-13)可以看出，对于具有相同壁厚的同一储罐爆炸来说，爆炸碎片具有相同的抛射初速度。

Baum 开展了一系列小尺寸实验，将端盖用玻璃圈固定在缩尺寸卧式储罐上，用加热棒给盛装的水加热，并测量端盖分离时的速度，分布在 27.1~87.8m/s 之间，碎片速度随着质量的减小而增大，与容器充装系数无关，同时提出了1个端盖、2个端盖碎片分离速度的经验公式，即

1 个端盖：
$$v_0 = 2 a_0 F^{1/2} \tag{5-14}$$

2 个端盖：
$$v_0 = 2.18 a_0 \left[F \left(\frac{L_0}{R_i} \right)^{1/2} \right]^{2/3} \tag{5-15}$$

$$F = \frac{(p_0 - p_1) A_f \cdot R_i}{m_f a_0^2} \tag{5-16}$$

其中，a_0 为声速；A_f 为端盖面积；m_f 为碎片质量；R_i 为卧罐筒体半径；L_0 为卧罐筒体

长度；F 为碎片初始尺寸加速度。

2008 年，Genova 基于 Baum 实验结论研究得出了端盖抛射速度经验公式，与容器内过热量及端盖质量有关，表达形式更加简洁。但是此类经验公式有一定的局限性，只能用于卧式储罐在 BLEVE 事故场景下产生 1~2 个端盖碎片的情况。

$$v_0 = \sqrt{\frac{2A_{ke}Q}{m_f}} \qquad (5-17)$$

其中，A_{ke} 为过热能量传递系数；Q 为液体中过热能量。

Mébarki 在 Baum 提出的爆炸能量计算方法的基础上，着重对碎片初动能比例因子 ψ 进行了探究，根据 Baum 的实验测试数据，依据最大熵原理得到 ψ 的指数分布关系式，由于缺少球形碎片相关数据，学界普遍将该方法直接用到球罐碎片速度的估算中。

$$v_0 = \sqrt{\frac{2\psi E}{m_f}} \qquad (5-18)$$

$$P(\psi) = \exp[4.8869 - 24.9431\psi + 0.4793\ln(\psi)] \qquad (5-19)$$

其中，ψ 为动能比例因子；E 为容器爆炸能量。

5.2.5　碎片抛射角度

Holden 研究分析了卧式储罐 18 起 BLEVE 事故产生的 52 块碎片的分布，接近 60% 的碎片集中在罐体轴线的范围内，该结论也间接证明了卧式储罐的碎片种类大多数为端盖。关于卧式储罐的竖直抛射角，被视为是随机参数，一般认为其在 $[0, \pi/2]$ 的范围内满足均匀分布。2014 年，Tugnoli 借鉴 Gubinelli 对容器破裂模式分类，研究得出了不同类型破裂模式下碎片抛射角度的概率密度函数。对于球罐碎片，认为其产生碎片的水平抛射角在 $[0, \pi/2]$ 上均匀分布，竖直抛射角在 $[-\pi/2, \pi/2]$ 上均匀分布，表 5-3 给出了多位学者研究分析得出的卧式储罐碎片的抛射角度概率密度函数。

表 5-3　卧式储罐碎片的抛射角度概率密度函数

作者	水平角度 θ 概率密度函数	竖直角度 φ 概率密度函数
Pula (2007 年)	$p(\theta) = 0.5$ $\theta \in [23\pi/12, \pi/12] \cup [11\pi/12, 13\pi/12]$	$p(\varphi) = 1/(\pi/12)$　$\varphi \in [0, \pi/12]$
	$p(\theta) = 0.5$ $\theta \in [\pi/12, 11\pi/12] \cup [13\pi/12, 23\pi/12]$	$p(\varphi) = 0$　$\varphi \in [-\pi/2, 0]$
Nguyen (2009 年)	$p(\theta) = 0.6$ $\theta \in [11\pi/6, \pi/6] \cup [5\pi/6, 7\pi/6]$	$p(\varphi) = 1/\pi$　$\varphi \in [-\pi/2, \pi/2]$
	$p(\theta) = 0.4$ $\theta \in [\pi/6, 5\pi/6] \cup [7\pi/6, 11\pi/6]$	
Mébarki (2009 年)	$p(\theta) = 0.6$ $\theta \in [11\pi/6, \pi/6] \cup [5\pi/6, 7\pi/6]$	$p(\sin\phi) = 1/2$　$\sin\phi \in [-1, 1]$
	$p(\theta) = 0.4$ $\theta \in [\pi/6, 5\pi/6] \cup [7\pi/6, 11\pi/6]$	

5.2.6　碎片飞行轨迹

碎片的飞行轨迹可以用二维运动方程来表示，碎片在飞行过程中的加速度状态方程如下：

$$\frac{\mathrm{d}^2 x}{\mathrm{d}t^2} + k\left(\frac{\mathrm{d}x}{\mathrm{d}t}\right)^2 = 0 \tag{5-20}$$

$$\frac{\mathrm{d}^2 y}{\mathrm{d}t^2} + (-1)^n k\left(\frac{\mathrm{d}y}{\mathrm{d}t}\right)^2 + g = 0 \tag{5-21}$$

其中，空气阻力因子 $k = C_D \rho_a / 2\delta \rho_f$；空气阻力方向系数 n 为一个调整系数，当碎片向上飞行，空气阻力与重力方向一致，$n=2$，当碎片下落时，空气阻力与重力方向相反，$n=1$。通过求解加速度方程，得到 $\frac{\mathrm{d}x}{\mathrm{d}t}$、$\frac{\mathrm{d}y}{\mathrm{d}t}$、$x(t)$ 及 $y(t)$ 的表达式。

水平方向：

$$\frac{\mathrm{d}x}{\mathrm{d}t} = \frac{u\cos\phi}{1 + ktv_{\text{Fragment}}\cos\phi} \tag{5-22}$$

$$x(t) = \frac{1}{k}\ln(1 + ktv_{\text{Fragment}}\cos\phi) \tag{5-23}$$

竖直方向：

上升阶段：

$$\frac{\mathrm{d}y}{\mathrm{d}t} = \frac{\tan(\beta - \alpha gt)}{\alpha} \tag{5-24}$$

$$y(t) = -\frac{1}{2k}\ln\left[\frac{\alpha^2\left(\frac{\mathrm{d}y}{\mathrm{d}t}\right)^2 + 1}{\alpha^2(v_{\text{Fragment}}\sin\phi)^2 + 1}\right] \tag{5-25}$$

下降阶段：

$$\frac{\mathrm{d}y}{\mathrm{d}t} = \frac{1 - \exp(\chi_t - 2\beta)}{\alpha[1 + \exp(\chi_t - 2\beta)]} \tag{5-26}$$

$$y(t) = Y + (2k)^{-1}\ln\left[1 - \alpha^2\left(\frac{\mathrm{d}y}{\mathrm{d}t}\right)^2\right] \tag{5-27}$$

式中，$\alpha = (k/g)^{0.5}$；$\beta = \arctan(\alpha V_{\text{Fragment}}\sin\phi)$；$\chi = 2k/\alpha$；$Y = (2k)^{-1}\ln[\alpha^2 (V_{\text{Fragment}}\sin\phi)^2 + 1]$。

5.3　爆炸碎片多米诺效应升级机制

5.3.1　碎片抛射场景

伴随着碎片抛射的事故场景往往具备两个特征：(1)能够产生碎片；(2)可以向碎片转移足够的动能，使其成为人员伤亡或设备损坏的可能原因。容器的灾难性破裂是一种典型的意外事件，可能引发碎片抛射，事实上，灾难性破裂通常伴随着所含物质以及内部能量的释放，释放的物质可能会导致其他情况(如火球，蒸气云爆炸，闪火和毒气蔓延)，这取决于容器中材料的特性，突然释放的能量会产生爆炸冲击波和高速碎片。

Gubinelli 和 Cozzani 确定了容器几何形状、导致容器破裂的意外场景和生成的碎片的形状与数量之间可能存在的相关性，并通过对过去 180 多起事故的研究证实了这一结论。表 5-4 显示了对不同类型的碎片抛射意外情况的分析结果。表中提供了在数据库中记录的引发至少一个意外事故的每个碎片抛射场景类别的简短定义。表 5-4 显示 BLEVE 是导致碎片抛射更频繁的场景，同时也记录了考虑其他场景的大量事件。相较于其他情景，涉及 BLEVE 的事件数量较多，一方面与 BLEVE 相关的事件可能影响大量安装作业（例如过程工厂，燃料运输，家用装置和制造厂），另一方面，由于 BLEVE 事故后果通常更严重，因此在过去的事故数据库中更频繁地出现。

表 5-4　导致碎片抛射的历史事故场景

初始场景	描述	事故百分比
Fired BLEVE	由于外部火灾，含有液体的容器在大气压下的沸点以上发生灾难性故障	62%
Unfired BLEVE	不是由于外部火灾，而是由于腐蚀，侵蚀，疲劳和外部冲击等，含有液体的容器在高于沸点的温度以及大气压下突然失效	12%
物理爆炸	含有压缩气相和/或非沸腾液体的容器，由于非火灾或化学反应（可能原因：过充、腐蚀等）引起的内部压力增加而发生的灾难性故障	10%
约束爆炸	由于容器内气体，蒸气或灰尘燃烧引起的内部压力增加导致的容器灾难性故障	10%
失控反应	由于化学反应失控引起的内部压力增加导致的容器灾难性故障	6%

所考虑的全部情况都涉及到容器失效前内部能量的可用性（通常以内部压力的形式），这种能量既能在容器壳体中传播裂纹，导致破碎，又能部分转化为碎片的动能。

旋转设备（如压缩机和涡轮机）的故障也会产生碎片抛射，机器运动部件（如叶片、转子部分）的机械故障会产生碎片，使得这些部件从机组系统中分离出来，穿透机壳。碎片的动能是由于进入机器的初始旋转相关的部件的机械能转化的，这表明高速旋转的机器有可能产生高速碎片。

5.3.2　碎片产生阶段

当一个单元在物理上与原始结构分离的部分发生断裂时，就会产生碎片。碎块的形成包括裂纹的形成以及通过单元结构材料的扩展。在很多应用中，这种材料通常是金属的，金属裂纹的扩展是影响设备失效方式和抛射碎片数量及几何形状的重要因素。Gubinelli 和 Cozzani 等确定了不同的事故场景以及设备设计对断裂失效模式的影响。

因此，实际的断裂扩展机制可能会受到以下因素影响，包括材料类型、壳体厚度、壳体温度和加载速率。考虑到可能会造成容器破碎的多种压力载荷和热负荷的一般主要特征，可以得到预期断裂机理的基本信息以及事件作用下过程容器的后续失效模式。由于不同情况下内压和壁温是引起壳体载荷的典型行为，需要考虑到可能的断裂机理和裂纹分支和（或）裂纹抑制。除了失控反应外，每个可能导致容器碎裂的主要场景都可能与特定的碎裂机制以及碎裂数量的定性评估相关。在 BLEVE 和物理爆炸中，预计主要的断裂机理是导致有限碎片数量的韧性断裂。另一方面，在约束爆炸、失控反应和含能物质分解的情况下，虽然高韧性容器存在脆—韧性转变的可能性，仍然可能发生脆性断裂从而导致大量碎片。

考虑到容器形状对裂纹扩展的影响，可以得到裂纹扩展模式的重要轮廓，裂纹在容器上沿最大应力的法线方向传播。因此，在圆柱壳中，由于周向应力较高，裂纹往往从轴向开始。只有弯曲引起的应力场变化，以及连接或材料缺陷（如焊接）引起的应力强化区域，断裂才可能沿圆周方向传播。在球壳中，裂纹可以向任何方向开始扩展，然而，起爆点更有可能出现在材料缺陷或连接引起应力增强的区域。

5.3.3 碎片飞行阶段

源自主要事故位置的碎片被抛射出去有可能撞击目标单元，飞行过程中抛射碎片的行为取决于重力和流体动力的相互作用。通常分别用碎片质心的轨迹和速度来描述整个碎片的轨迹和速度，如果忽略风引起的质心运动轨迹的偏差和碎片旋转运动可能引起的振动，则飞行是在垂直面上进行的。抛射碎片的速度通常比正常风速高一个数量级，导致风向和速度对碎片轨迹的影响有限，此外，碎片的旋转运动可能导致质心围绕其主方向的振荡而不是轨迹平面的偏离。

目前有几种模型来描述抛射碎片的轨迹。1983 年，Baker 等基于碎片运动的描述，并考虑碎片加速度和作用于碎片上的三种力：引力、阻力和升力，提出了解决这一问题的基本方法，阻力和升力分别为碎片的形状、质量和碎片相对于碎片质心轨迹的方向的函数。然而，Baker 等人的模型本身需要为初始条件（给定的初始速度矢量和碎片形状）提供确定的输入参数，并通过数值方法求解其所基于的微分平衡方程。该方法更常用来输出一个报告最大的碎片范围的图表，这种结果与定量风险分析（QRA）框架中典型的概率方法不兼容。Hauptmanns 等提出了一种基于更简单的力学方程的简化方法，通常用于描述速度在亚音速范围内的物体的弹道运动：

$$\frac{d^2 x}{dt^2} + k \left(\frac{dx}{dt} \right)^2 = 0 \qquad (5-28)$$

$$\frac{dy}{dt^2} + (-1)^n k \left(\frac{dy}{dt} \right)^2 + g = 0 \qquad (5-29)$$

其中，x 与 y 分别为 t 时刻碎片的位置坐标，g 是重力加速度，k 是阻力系，当碎片轨迹为上升阶段时，n 为 1，当碎片轨迹为下降阶段时，n 为 2。乘以 k 的项表示物体在 x 和 y 方向上受到的阻力。在亚音速范围内，这些力与物体速度的平方成正比，系数 k 与方向无关，是质量和碎片形状的函数。碎片作用是指碎片在飞行过程中与目标（设备、建筑物、支撑结构等）发生碰撞。Scilly 和 Crowther 引入了有效射程区域（Effective Range Interval，ERI）的概念，并假设当碎片落在 ERI 内时，碎片有可能发生撞击。

5.3.4 碎片撞击阶段

击中目标的碎片可能会穿透目标（穿孔），在一定的穿透深度停止（嵌入），或者反弹，有时会在表面留下一个凹痕。碎片对设备的影响可能会通过穿透或塑性坍塌损坏目标，在可能遏制的损失方面对目标造成的后果通常是不同的。穿透碎片可刺穿目标壳体并引发连续或半连续释放。非穿透碎片可能导致目标的显著变形，可能导致目标的灾难性故障及其整个内部介质的瞬时释放。

侵彻力学已经得到广泛的研究，主要用于军事目的。工业事故中抛射碎片的典型形状和尺寸与军事应用中(如小直径钢瓶、尖头块等)所关注的形状和尺寸可能存在显著差异。然而，这些研究中的一些概念和模型可以扩展到碎片侵彻。在目标侵彻过程中，材料表面施加的载荷和沿冲击材料的应力波共同导致了材料的断裂，不同的断裂发生机制，取决于许多参数：碎片和目标的特征尺寸(直径和长度的导弹和目标的厚度)、碎片和目标的机械性能(密度、弹性模量、韧性、屈服应力等)、碎片的形状、作用速度等等。

在工业多米诺效应事故传播的大多数情况下，关注的目标通常是工作中的设备或管道。所抛射的碎片来自相同类型的单元。钢合金作为工厂建设中较常用的材料，常同时作为抛射碎片和目标材料。与空气中的声速相比，碎片的速度通常较低。在这种条件下，根据几种塑性变形机制如冲塞、后向倾斜、正面倾斜、破碎、延展孔扩大，靶体可能发生穿透。其他机制，如初始应力波断裂和径向断裂，可以合理地排除延性材料。

对于大尺寸碎片对壁厚较低或壳体较薄的目标冲击，塑性破坏机理是合理的，例如碎片对常压储罐的冲击作用。碎片和目标的相对尺寸范围很大，由容器失效引起的碎片通常体积较大，在碰撞过程中会发生较大的变形。由设备故障引起的碎片形状不规则，较大的碎片和易变形的碎片都会使目标穿透深度较低，另一方面，旋转设备故障或管件弹射产生的相对较小的碎片预计有较大的穿透潜力。

因为可能会在飞行过程中发生旋转，碎片在装备上的呈现角度是一个随机变量，由于碎片尖端的角度和接触面积对侵彻深度都有重要影响，因此需要考虑可能的不同方向，进行敏感性分析来评估目标的损伤。

碎片撞击阶段的定量分析详见 5.4 节。

5.4 爆炸碎片多米诺效应影响概率

5.4.1 碎片击中概率

爆炸碎片击中目标储罐的概率是进行爆炸碎片引发多米诺效应事故定量风险评价的重要组成部分。由于爆炸碎片参数的不确定性，在实际计算中，Monte - Carlo 法能够采用大量的抽样对随机变量和不确定性进行模拟而得到广泛使用。2001 年，Hauptmanns 对碎片抛射的随机性进行了分析，只考虑目标储罐水平方向尺寸，将碎片视为质点，首次使用 Monte - Carlo 求取了碎片对水平目标的击中概率：

$$P_{imp} = \sum_{k=1}^{N_{sim}} \frac{n(k)}{N_{sim}} \qquad (5-30)$$

$$n(k) = \begin{cases} 1, & L_{\text{tar}} \cap L_{\text{frag}} \neq \varnothing \\ 0, & \text{其余情况} \end{cases} \tag{5-31}$$

其中，P_{imp}，击中概率；L_{tar}，目标储罐水平方向投影；L_{frag}，碎片二维抛射轨迹；N_{sim}，Monte-Carlo 模拟次数。

2004 年，Gubinelli 提出了一个计算已知形状、质量和初始速度的爆炸碎片击中位置和形状已知的目标储罐的概率模型，见式(5-32)，该方法考虑目标储罐的二维尺寸，不需要借助 Monte-Carlo 模拟，求解过程相对简单，但是需要预先确定碎片质量、形状和速度。

$$P_{\text{imp}} = \frac{\Delta \chi}{4\pi} \int_{\Delta \varphi} \cos(\varphi) \, \mathrm{d}\varphi \tag{5-32}$$

其中，$\Delta \chi$ 为水平方向有效区间；φ 为竖直抛射角。

2007 年，PULA 等根据目标容器的二维尺寸与碎片形状，计算并划分目标容器易损区域(Vulnerable Area)范围，考虑了 2 种不同的事故场景，如图 5-1，基于碎片二维抛射轨迹方程建立了击中概率模型：

$$P_1^{imp} = P(\Delta S) \times P(\Delta \theta) \tag{5-33}$$

$$P_2^{imp} = P(\Delta \varphi) \times P(\Delta \theta) \times P(\Delta S') \tag{5-34}$$

$$P_{imp} = P_1^{imp} + P_2^{imp} \tag{5-35}$$

其中，$\Delta \theta$ 为有效水平方向区间；$\Delta \varphi$ 为有效竖直方向区间；φ 为竖直抛射角；$P(\Delta S)$ 为距离维度上碎片落到易损区域的概率；$P(\Delta \theta)$ 为碎片落到有效水平方向区间内的概率；$P(\Delta \varphi)$ 为碎片落到有效竖直方向区间内的概率；$P(\Delta S')$ 为距离维度上碎片落到易损区域外的概率。

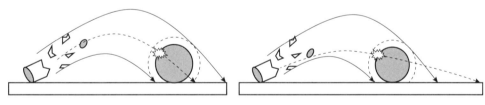

(a)场景1:碎片落到易损区域内　　　　　　　(b)场景2:碎片落到易损区域外

图 5-1　爆炸碎片影响目标容器场景

2009 年，Nguyen 突破了以往击中概率的局限性，全面考虑了目标储罐的三维轮廓，认为碎片抛射轨迹方程与轮廓方程相交就表示击中，较前三种方法运算量大，但是求取精度高。

$$P_{\text{imp}} = \sum_{k=1}^{N_{\text{sim}}} \frac{1_{(V_t \cap S_{\text{frag}} \neq \varnothing)}(k)}{N_{\text{sim}}} \tag{5-36}$$

$$1_{(V_t \cap S_{\text{frag}} \neq \varnothing)}(k) = \begin{cases} 1, & V_t \cap S_{\text{frag}} \neq \varnothing \\ 0, & \text{其余情况} \end{cases} \tag{5-37}$$

钱新明基于碎片三维抛射轨迹，认为碎片落在目标储罐的外切立方形区域即算击中目标，并在击中概率模型中考虑了单次模拟中多个碎片的影响。

$$P_{\text{imp}} = \frac{\sum_{k=1}^{N_{\text{sim}}} \sum_{i=1}^{N_{\text{sum}}} \frac{n}{N_{\text{sum}}}}{N_{\text{sim}}} \qquad (5-38)$$

$$n = \begin{cases} 1, & V_{\text{cube}} \cap S_{\text{frag}} \neq \varnothing \\ 0, & \text{其余情况} \end{cases} \qquad (5-39)$$

其中，N_{sum} 为单次模拟的碎片数量；V_{cube} 为目标储罐外切立方形区域。

5.4.2 碎片破坏概率

关于目标储罐的破坏失效的研究多集中于穿透失效模式，相关研究对象从简单的平面钢板逐渐过渡到化工容器。1995 年，Bukharev 研究了钨质圆柱棒以不同角度击中钢板的破坏模式，并通过实验验证了 0°～68° 的撞击效果，与理论计算结果取得良好一致性。1998 年，Khan 考虑了碎片对目标储罐 3 个方面的影响：(1)碎片穿透目标储罐的可能性 $Prob_A$；(2)碎片携带的能量加热介质导致目标储罐破坏失效的可能性 $Prob_B$；(3)碎片与目标储罐发生碰撞的可能性 $Prob_C$。目标储罐在碎片影响下的破坏失效概率由以上 3 个概率的并集表征。这种方法忽略了 3 个因素之间的关联性，导致过高地估计了碎片影响，如碎片穿透目标储罐、加热介质的前提是要保证击中目标储罐。

目前，关于爆炸碎片撞击下目标储罐的破坏失效研究还很少。2009 年，Nguyen 在 Mébarki 关于柱形碎片撞击破坏金属平板模型的基础上，认为撞击深度达到罐壁厚度，或撞击后的残余壁厚小于某个临界值时就会导致目标储罐破坏失效，并建立了碎片撞击目标储罐的破坏概率模型。

$$h_p = \frac{-d_{\text{fl}} \cdot \cos\kappa + \sqrt{(d_{\text{fl}} \cdot \cos\kappa)^2 + 4 \cdot \tan\kappa \cdot \left(\frac{E_i}{\sigma_u \cdot \varepsilon_f}\right)^{2/3} \cdot \frac{1}{\pi}}}{2 \cdot \tan\kappa} \quad (h_t - h_p) - e_{\text{cr}} \leq 0 \qquad (5-40)$$

$$P_{\text{dam}} = \frac{\sum_{i=1}^{N_{\text{sim}}} \sum_{j=1}^{N_{\text{imp}}} \frac{n(j,i)}{N_{\text{imp}}}}{N_{\text{sim}}} \quad n(j,i) = \begin{cases} 1, (h_t - h_p) - e_{\text{cr}} \leq 0 \\ 0, \text{其余情况} \end{cases} \qquad (5-41)$$

其中，h_p 为穿透深度；κ 为撞击角度；d_{fl} 为碎片尺寸；E_i 为碎片撞击动能；σ_u 为储罐材料强度极限；ε_f 为储罐材料极限应变；h_t 为储罐壁厚；e_{cr} 为临界残余壁厚；N_{imp} 为碎片击中次数；P_{dam} 为破坏实现概率。

2012 年，陈刚认为临界残余壁厚的求取涉及复杂的局部应力分析，并且随着储罐材料、壁厚等因素而变化，求解困难，因此借鉴基于容器壳体损失面积安全性评价思路，提出了基于临界剩余强度系数(RSF)的储罐在爆炸碎片撞击下的破坏失效判断。

$$RSF = \frac{\sigma_u}{\sigma_w}, \quad RSF_{\text{cr}} = \frac{\sigma_u}{1.5\sigma_0} \qquad (5-42)$$

$$RSF \leqslant RSF_{cr} \tag{5-43}$$

$$P_{dam} = \sum_{k=1}^{N_{imp}} \frac{T_{imp}}{N_{imp}}; T_{imp} = \begin{cases} 1, (RSF \leqslant RSF_{cr}) \cup (h_p \geqslant h_t) \\ 0, RSF > RSF_{cr} \end{cases} \tag{5-44}$$

其中，σ_w 为目标储罐在荷载作用下的工作应力；σ_0 为储罐材料屈服强度；RSF 为剩余强度系数；RSF_{cr} 为临界剩余强度系数；P_{dam} 为破坏实现概率。

2015 年，Salzano 研究了碎片撞击下包括混凝土结构、砖墙结构、钢制储罐在内的广义目标装置设备破坏失效的情况，分别推导了 2 个依据碎片质量划分的撞击深度公式，认为撞击深度大于目标装置设备厚度即发生穿透失效，该方法没有考虑碎片形状的影响。

$$h_{small} = k_S m_f^{a'} v_i^{b'}, \quad m_f \leqslant 1 kg$$

$$h_{large} = k_R \frac{m_f}{A_f} \log_{10}(1 + 5 \times 10^{-5} v_i^2), \quad m_f > 1 kg \tag{5-45}$$

$$(h_{small} \geqslant h_t) \cup (h_{large} \geqslant h_t)$$

其中，h_{small} 为小碎片撞击深度；h_{large} 为大碎片撞击深度；k_S，k_R，a'，b' 为与目标材料和碎片质量有关常数；v_i 为撞击速度；A_f 为碎片表面积。

Nguyen、陈刚和 Salzano 的方法都将撞击深度简化为在储罐原有结构厚度上的直接减薄，实际情况中，爆炸碎片撞击目标储罐，在短时高强度冲击荷载作用下，罐壁会产生明显的局部凹陷变形，并不是直接减薄。

5.5 设备受爆炸碎片撞击的易损性分析

易损性能够反映目标设备抵抗外部破坏的能力，将储罐在爆炸碎片影响下的破坏失效问题界定为目标储罐受撞击荷载的易损性问题，建立由目标储罐壁厚、密度、屈服强度、爆炸碎片质量、源储罐(卧式储罐)爆炸压强、动能比例因子、撞击角等构成的储罐破裂失效极限状态方程，绘制大型储罐在爆炸碎片撞击影响下的易损性曲线，对储罐的设计改进和安全防护具有一定的指导意义，有助于预防和降低爆炸事故所造成的损失。

5.5.1 易损性理论基本概念

易损性理论起源于地震工程，其定义是在给定的地面运动强度下，如峰值地面加速度、谱加速度或强震持续时间，结构构件或系统失效的条件概率。绘制易损性曲线的形式是易损性研究中广泛应用的一种方法，易损性曲线定义为在不同强度的地震烈度作用下，用得出的结构遭受特定状态损伤的概率所绘制的曲线，分为经验易损性曲线和解析易损性曲线。经验易损性曲线主要是基于震害现场调研数据和专家观点建立的，其形式为峰值地面加速度、爱氏地震动强度或是有效峰值加速度的函数。经验易损性曲线需要大量震害现场调查数据提供基础，同时需要专家意见作为指导，计算过程中系数和加权值取值上存在不确定性。解析易损性曲线是以结构破坏状态判断标准和结构参数随机特性为基础，选取地震动强度指标进行随机分析得到的，该方法能够通过计算分析来克服经验易损性的缺点，Monte – Carlo 法由于能够采用大量的抽样对随机参数和不确定性进行模拟而在解析易损性曲线的研究中得到广泛使用。

采用 Monte – Carlo 法对储罐的撞击荷载易损性进行研究，Monte – Carlo 法的基本原理是将结构破坏的极限状态方程中各参数变量按其自身分布随机化，产生一组随机数代入极限状态方程，判断是否符合结构破坏条件，重复循环这个过程，对结果统计进而确定结构破坏概率。其缺点是计算量大且耗时，可借助 MATLAB 编写 Monte – Carlo 抽样计算程序，完成储罐的撞击解析易损性曲线的绘制。

5.5.2　构建极限状态方程

极限状态(Limit – State)是指结构整体或局部达到某一临界状态，结构失去完成其自身负担任务的能力，失去效用，此时所处的状态即为该结构的极限状态。储罐在碎片撞击作用下达到极限状态时，罐壁将出现破裂，失去储存介质的功能，表征极限状态的函数即为极限状态方程。储罐在撞击下的极限状态可由一组随机参数构成的极限状态方程描述，设 X 是由目标储罐壁厚、密度、屈服强度、爆炸碎片质量、源储罐(卧式储罐)爆炸压强、动能比例因子、水平撞击角、竖直撞击角等构成的一组随机参数，则由这些随机参数构成的储罐极限状态方程表示为：

$$Z = g(X_1, X_2, X_3 \cdots X_n) \tag{5 – 46}$$

式中，$Z = 0$ 时为储罐极限状态，即达到破裂失效的临界值；$Z > 0$ 表示储罐抵抗能力大于撞击荷载受力，不会发生破裂失效；$Z < 0$ 则是储罐处于破裂失效状态。

爆炸碎片撞击储罐的过程中有多次碰撞，在碎片与罐壁首次达到共同速度时，撞击力最大，罐壁最易发生破裂失效。因此，选定碎片与罐壁首次达到共同速度的时刻来判定储罐是否破裂。碎片对罐壁作用的示意图如图 5 – 2 所示。

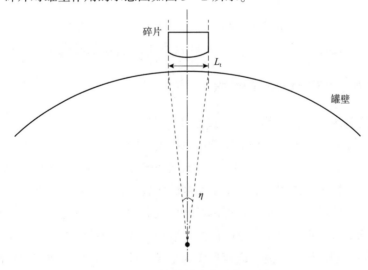

图 5 – 2　碎片对罐壁作用的示意图

设定在撞击过程中动量保持守恒，则罐壁与碎片首次达到的共同速度 v_t 可以由式(5－47)计算：

$$v_t = \frac{m_f v_i}{m_f + \frac{S_t}{\cos\omega \cdot \cos\theta} h_t \rho_t} \qquad (5-47)$$

式中，m_f 为碎片质量；v_i 为碎片撞击速度；ω 为水平撞击角；θ 为竖直撞击角；S_t 为端盖型碎片在罐壁面上的投影面积，对于特定的爆炸碎片和目标储罐，S_t 为确定值，其计算方法如下：

$$S_t = \pi R_i L_t \qquad (5-48)$$

$$L_t = \frac{\pi \eta R_t}{180} \qquad (5-49)$$

式中，L_t 为投影在罐壁环向的弧长；R_t 为立式储罐半径；η 为 L_t 对应的圆心角。

在碎片撞击作用下，储罐罐壁单位面积上获得的瞬时冲量可表示为：

$$I_0 = \rho_t \cdot h_t \cdot v_t \qquad (5-50)$$

其中，I_0 为罐壁单位面积瞬时冲量；ρ_t 为储罐材料密度；h_t 为罐壁厚度，此处 h_t 值为 0.012m。

将碎片撞击速度用卧式储罐爆炸能量、动能比例因子和碎片质量来表示，则罐壁单位面积瞬时冲量可以表示为：

$$I_0 = \frac{\rho_t h_t \sqrt{2 m_f \psi E}}{m_f + \frac{S_t}{\cos\omega \cdot \cos\theta} h_t \rho_t} \qquad (5-51)$$

式中，E 为卧式容器爆炸能量；ψ 为动能比例因子。

以能量法为基础的撞击作用下结构破坏失效能量需要已知结构破坏形貌相关数据才能够计算；以应力为基础的最大拉应力理论适用于混凝土、玻璃等脆性材料破坏失效研究，制造大型储罐所用的碳钢属于塑性材料，在碎片撞击作用下，当罐壁整个厚度范围全部屈服时，罐壁才发生塑性变形。薄膜应力沿罐壁厚度均匀分布，但是弯曲应力沿罐壁非均匀分布，当罐壁表面应力达到屈服强度时，还未发挥整个截面的承载能力，采用应力表征储罐破坏失效准则欠准确。因此，基于最大塑性应变准则，当罐壁在碎片撞击下产生的最大径向应变 $(\varepsilon_r)_{max}$ 达到储罐材料的极限应变 ε_f 时，罐壁会发生破裂，见式(5－52)。碎片撞击对罐壁造成的最大径向应变可由罐壁单位面积的瞬时冲量来表示，见式(5－53)。

$$(\varepsilon_r)_{max} \geqslant \varepsilon_f \qquad (5-52)$$

$$(\varepsilon_r)_{max} = \frac{3}{5} \left(\frac{I_0}{\rho_t c_t h_t} \right)^2 \qquad (5-53)$$

式中，c_t 为动荷载作用下罐壁材料的塑性波波速，$c_t = \sqrt{\frac{1}{\rho_t} \times \frac{d\sigma}{d\varepsilon}}$，其值取决于材料屈服后应力－应变曲线的斜率 $d\sigma/d\varepsilon$，对于包括碳钢在内的大多数工程材料而言，应力－应变曲线大致呈外凸形状，即材料发生屈服后呈现渐减硬化，材料塑性波速随应变增长而降低。为了便于计算，此处按式(5-54)计算塑性波速。

$$c_{t} = \sqrt{\frac{\sigma_0}{\rho_t}} \qquad (5-54)$$

式中，σ_0为储罐材料屈服强度。

结合式(5-52)~式(5-54)，可以得到罐壁发生破裂的单位面积临界瞬时冲量I_{0c}，见式(5-55)。

$$I_{0c} = h_t\sqrt{\frac{5}{3}\rho_t\sigma_0\varepsilon_f} \qquad (5-55)$$

因此，储罐在碎片撞击下的破裂失效的极限状态方程可表示为：

$$Z = I_{0c} - I_0 = h_t\sqrt{\frac{5}{3}\rho_t\sigma_0\varepsilon_f} - \frac{\rho_t h_t \sqrt{2m_f\psi E}}{m_f + \frac{S_t}{\cos\omega \cdot \cos\theta}h_t\rho_t} \qquad (5-56)$$

5.6 爆炸碎片多米诺效应事故案例分析

5.6.1 爆炸碎片多米诺效应事故典型案例

设备在爆炸碎片影响下的破坏失效存在很大的不确定性，但是此类事故却很常见，表5-5是《过程工业损失预防百科全书》(*Lees' Loss Prevention in the Process Industries - 3rd edition*)中列举的典型的由爆炸碎片引起的多米诺效应事故案例。

表5-5 典型的由爆炸碎片引起的多米诺效应事故案例

时间地点	事故描述
1962，美国，俄亥俄州，玛丽埃塔	苯酚厂6in泄压阀释放的苯蒸气被点燃，发生爆炸，碎片导致附近管道破裂，释放出易燃液体
1965，美国，肯塔基州，路易斯维尔	一个压缩机循环气体装置发生爆炸，碎片与喷射火焰导致一系列进一步的爆炸事故
1966，利比亚，费赞	炼油厂球罐发生BLEVE事故，抛射碎片切断了邻近一个球罐的裙座，导致球罐倒翻，8in连接管破裂
1969，美国，得克萨斯城	乙烯基乙炔爆炸导致一个塔设备分解，碎片抛射超过1500ft，一个800lb的碎片抛射约3000ft
1977，伊利诺伊州，罗密欧维尔	一个锥顶罐爆炸产生的碎片导致另外一个内浮顶罐和一个浮顶罐破裂，并点燃储存物质
1978，沙特阿拉伯，阿布盖格	管道的气体喷射导致一个22in的配管部件抛射400ft，点燃了一个储罐的蒸气相部分
1978，美国，得克萨斯城	一系列的BLEVE事故产生大量的抛射碎片，导致其他许多设备被摧毁
1979，爱尔兰，班特里湾	油轮爆炸产生大量碎片，在1800ft处的一个原油储罐附近发现了一个1000lb的碎片

时间地点	事故描述
1979，美国，新泽西州，林登	蒸气云进入一个未使用的控制室，建筑物爆炸产生的碎片切断了很多管道
1979，波多黎各，庞塞	一个直径13ft的二聚物容器破裂，15t重的钢铁端部抛射1900ft，点燃了邻近的一个对二甲苯工厂
1984，墨西哥城	一系列BLEVE事故，产生大量抛射碎片，导致其他许多设备被摧毁
1984，美国，伊利诺伊州，罗密欧维尔	一个高55ft，直径8ft的炼油厂吸收塔爆炸破裂，较大碎片抛射3500ft，推翻了一个138kV的变电站，另外一个碎片抛射500ft，切断了管道
1986，美国，密西西比州，帕斯卡古拉	批式蒸馏器爆炸产生的碎片穿透两个常压储罐和一个压力储罐，导致可燃物质泄漏
1987，英国，格兰奇茅斯	气体突破，引起低压分离器超压，导致10ft直径的容器分解，一个3t重的碎片抛射3300ft
1987，美国，加利福尼亚州，托伦斯	一个丙烷处理器容器破裂失效，抛射到中央管架，切断很多管道，包括炼油厂火炬管线
1989，比利时，安特卫普	一个环氧乙烷蒸馏塔发生爆炸，产生火灾和大量碎片，造成整个工厂破坏

5.6.2　墨西哥城LPG储罐火灾爆炸事故案例分析

1984年11月19日墨西哥城国家石油公司LPG转运油库发生的一系列火灾、爆炸事故是多米诺效应事故研究的转折点。事故调查由荷兰应用科学研究组织（TNO）进行，为期2周。

1. 场景概述

油库建于1961年，事故发生前部分装置已经服役超过20年，期间周围住宅区快速发展，事故发生前住宅区距离装置不足200m，部分住宅在130m的距离之内。转运站主要用于LPG的集中与输送，通过管道来源于三个不同的炼油厂，存储能力为16000m³，由6个球罐和48个水平卧罐组成，日吞吐量为5000m³，设备布置如图5-3所示，两个大的球罐单罐存储能力为2400m³，四个小的球罐单罐存储能力为1600m³，整个厂区占地面积13000m²。工厂及设备设计遵循API的标准，并且大部分设备在美国制造，工厂有一个地面火炬用于处理过剩气体，火炬设计在地面以下以防止火焰被局地风熄灭。转运站的周围有其他公司的仓库分布，Unigas公司在转运站的北面，距离100~200m，事故发生时有67个罐槽车，相对较远处的Gasomatico公司拥有大量的家用气瓶。

2. 事故过程

1984年11月19日早上，转运站通过400km的一个炼油厂泵输送充满，前一天转运站几乎空罐，泵送从前一天下午开始，两个大的球罐和48个柱形容器充装率达到90%，四个小的球罐充装率为50%。因此，事故发生时LPG总的储量为11000m³。19日上午5：30，控制室与距离40km处的管道泵送站同时检测到压力下降，F4球罐与G系列柱罐之间的 8in 管道破裂。控制室操作人员试图辨识压力下降的原因，但没有成功。LPG 的泄漏大约持续了 5~10min，在风力和倾斜地势的作用下，气云向西南方向扩散，风速为 0.4m/s，附近的居民闻到了气味，并且听到了逃跑的声音。据目击者称，当气云扩散到 200m×150m 的范围，厚度达到 2m 时，气云遇到火炬被点火引燃，火灾覆盖很大一个区域，产生很高的火焰和强烈的地震。当大部分火势逐渐降低时，仍存有部分地面火灾，管道破裂处有火焰，10 余处房屋仍在继续着火。此时，工厂人员开始组织疏散，其中一个员工去另一个仓库寻求帮助。5 名人员被发现死于去控制室或主火灾泵房的路上，并严重烧焦，稍后不久有人按下了应急切断系统按钮。部分居民跑到道路上，但大部分仍留在室内，很多人认为这是一次地震。

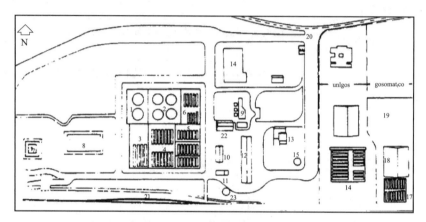

图 5-3 1984 年墨西哥城 LPG 转运站设备布置图(F Lees, 2012)

上午 5：45 发生了第一次 BLEVE 事故，1min 后发生第二次 BLEVE 事故，是整个事故过程中两次较严重爆炸事故，事故源是四个较小球罐中的 1 个或 2 个，产生一个 300m 直径的火球。容器在 BLEVE 的影响下，接连发生一系列爆炸，90min 内约有 15 次，主要是四个较小球罐和邻近的 48 个卧罐发生 BLEVE 事故。墨西哥大学的地震仪记录了整个爆炸过程。容器的爆炸破裂产生大量的碎片，在 100~890m 的距离范围内，发现 25 个 10~40t 重的四个较小球罐碎片。15 个约 20t 重的碎片由 48 个卧罐爆炸破裂产生，飞行距离超过100m，最远的一块碎片距离 1200m，其中 4 个卧罐已经无法再复原。碎片不仅有冲击破坏力，其高温也足够引起建筑火灾。

上午 8：00~10：00，现场应急救援达到高潮，超过 4000 人参与救援与医疗救护，现场某一个区域的救援人员集中达到 3000 人，他们承受着很高的 BLEVE 事故风险，这种救援方式是不恰当的，尽管没有进一步的悲剧发生。上午 5：45，消防队接到现场报警，3h后到达事故现场，开始时它们处理的是 Gasomatico 公司由于球罐碎片产生的火灾与气瓶爆炸。同时，消防人员对两个未爆炸的大球罐进行消防灭火，以防止 BLEVE 事故的发生，直到 23：00 时，球罐的火焰才被最后扑灭。事故过程的时间顺序如表 5-6 所示。

表5-6 1984年墨西哥城LPG火灾爆炸事故过程时间表

时间	事件
5：30	8in管道破裂；控制室检测到压力下降
5：40	蒸气云被点燃；剧烈燃烧
5：45	地震仪记录第一次爆炸，BLEVE；消防队接到报警
5：46	第二次BLEVE事故
6：00	警察干预，交通管制
6：30	交通混乱
7：01	地震仪记录最后一次爆炸，BLEVE
7：30	柱罐继续爆炸
11：00	最后一次柱罐爆炸
8：00~10：00	现场应急救援高峰
12：00~18：00	应急救援继续
23：00	球罐的最后一处火焰被扑灭

LPG转运站火灾爆炸事故前后的对比如图5-4所示。

(a)事故发生前

(b)事故发生后

图5-4 1984年墨西哥城LPG转运站火灾爆炸事故前后对比图(F Lees, 2012)

图5-5与图5-6是针对1984年墨西哥城LPG储罐火灾爆炸事故产生碎片的模拟仿真分析。

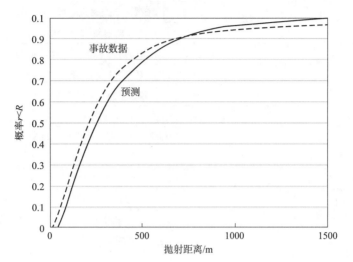

图5-5　墨西哥城事故碎片抛射距离的概率关系图(封头)

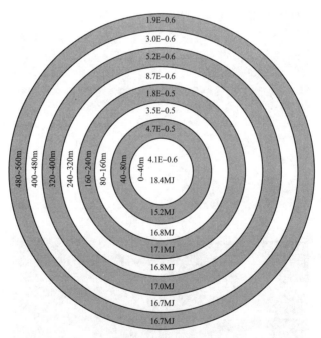

图5-6　墨西哥城事故碎片撞击个人概率与碎片末端能量随距离的变化关系图(F Lees, 2012)

注：图中MJ为能量单位

3. 事故经验教训

现代工业社会的运转依赖于许多潜在的危险化学物质。在加工或储存过程中偶尔发生各种重大事故。这类事故对工人和公众的健康和安全构成危害，并可能对公司和社会造成严重的经济损失。与此矛盾的是，这些涉及危化品的公司可能并不了解发生重大事故的损失和根本原因，所以帮助这些公司确立哪些是具有成本效益的损失预防措施是有非常必要的。

（1）重大危险源装置的选址

墨西哥城事故的高死亡人数是因为房屋距离工厂太近。在工厂建成的时候，该地区还未开发，但多年来，已经建成的区域逐渐围绕事故点且距离很近。

（2）工厂布局与防护

工厂彻底破坏的原因是整个保护系统出现故障，包括布局、应急隔离和水喷淋系统，在爆炸初期，终端的消防系统失效，同时喷水系统也不完善。工厂布局通常是多种因素折中的结果，就安全方面而言，工厂布局最重要的因素有：①防止、限制和/或减轻相邻事件的升级（多米诺效应）；②确保现场有人居住的建筑物的安全；③对未经授权人员限制访问；④为获得紧急服务尽可能提供便利。

（3）泄漏气体检测与应急隔离

可能避免灾难的一个措施是更有效的气体检测和应急隔离。该工厂没有气体检测系统，可能导致了应急隔离为时已晚。

工厂应对固有安全问题给予充分的关注，在应对重大事故风险时，重点转向采取措施防止泄漏。此类措施旨在降低发生重大事故后果的可能性。但是没有预防措施能保证100%可靠性。即使所有合理可行的预防措施都到位，一些残余风险仍然存在。需要接受预防措施可能会失败的情况，可以通过采取措施限制/减轻后果，进一步降低与遏制事件损失相关的风险。一项关键技术措施是在安全壳失效后能够关闭关键位置的阀门并隔离工厂部分的设施，通过隔离上游工厂，可以减少泄漏的物质总量，从而降低后果。

（4）应急救援规划

紧急情况下一个特别令人不满意的情况是由于居民试图逃离事故点与应急部分试图进入事故点而造成的交通混乱。另一个情况是大量救援人员遭受到一个更大球罐可能发生BLEVE的风险。应急救援规划在事故前、中、后的必要性得以强调。

（5）BLEVE事故场景的消防救援

消防部门试图对两个较大的球罐进行灭火时承受了相当大的BLEVE风险，潜在的死亡人数很高。工厂应当采用主动防火和被动防火结合的方式降低和消除事故，自动喷水灭火系统等主动消防系统广泛用于加工工业，以保护储存容器、加工厂、装载装置和仓库。消防系统的职责可能是灭火、控制火灾或提供暴露保护以防止多米诺效应。被动防火可以为主动系统提供有效的替代方案，通常由容器或钢表面的耐火绝缘介质涂层组成，这通常用于水或其他活性保护介质供应不足的地方，例如偏远地区，或者处理消防水流失有困难的地方。防火墙是另一种被动防火形式，用于防止火势蔓延和相邻设备受到热辐射。决定哪种系统最适合火灾暴露保护的一个重要标准是暴露在火灾中的可能持续时间，因为被动防火保护仅对短时间暴露（1~2h）有效。

（6）BLEVE事故原理研究

在1974年英国Flixborough发生的VCE事故得到广泛关注，墨西哥城事故证明了BLEVE同样具有重大危险性。

（7）事故评估

值得注意的一个特点是，在大多数高成本事故中，没有人死亡，很少有人受伤。一些由于其伤亡人数高而被众所周知的事故，例如，在博帕尔(可能有4000人死亡)和墨西哥城(500多人死亡)的事故并没有被记录为高成本事故。这类事故显然在人员伤亡巨大，如果是安全评估中常用的"生命价值"来评判，大约100万英镑。事故中的伤亡人数不能很好地说明事故造成的经济损失的规模。

5.7　爆炸碎片多米诺效应升级准则

可能导致爆炸碎片的事故场景主要有物理爆炸和沸腾液体扩展蒸气云爆炸(BLEVES)，碎片数量、形状和重量主要取决于破裂设备的特性和裂纹扩展方式。研究发现，碎片水平运动距离主要取决于碎片初始速度、碎片运动方向和碎片阻力系数。其中碎片速度由碎片质量及爆炸提供的碎片动能决定，阻力系数与碎片形状和质量有关。碎片撞击导致多米诺效应升级需满足两个条件，一是事故场景距目标设备距离需低于碎片最大可能运动距离，二是撞击后目标设备的安全壳失效。

对于大多数物理爆炸，依据Brode模型、Baker模型、Baum模型和Moore模型等计算所得碎片水平方向运动距离都大于1000m，表5-7为几种典型模型计算所得丙烷压力容器爆炸碎片初始速度和最大水平方向运动距离。

表5-7　典型模型计算所得丙烷压力容器物理爆炸时爆炸碎片初始速度和最大水平方向运动距离

		半球形容器	圆柱形容器	管线	圆柱形壳体/半球端
最大初始速度/(m/s)	Brode模型	180	180	180	180
	Baker模型	115	115	—	115
	Baum模型	180	180	135	150
	Moore模型	186	186	—	186
最大水平方向运动距离/m	Brode模型	2133	2133	807	2760
	Baker模型	1089	1089	—	1245
	Baum模型	2133	2133	640	2015
	Moore模型	2230	2230	—	2916

注：此计算物理模型基于设备失效压力为2.5MPa。

物理爆炸事故中，碎片作用下设备的安全距离一般大于1000m，100m时碎片撞击概率估计为0.3，300m时碎片撞击概率估计为0.05。

BLEVES由于容器破裂机制的特异性以及转化为碎片动能的能量比例变化，导致其碎片初始速度和最大水平方向运动距离与物理爆炸有一定区别，其爆炸碎片多米诺效应升级准则与物理爆炸不同。采用与表5-7相同的计算方法，假设事故产生碎片数量为10，可得出一般性结论如下，100m时碎片撞击概率约为0.25，300m时碎片撞击概率约为0.025。

上述计算及数值是用典型模型计算丙烷压力容器所得，对于不同工况，碎片最大初始速度和最大水平方向运动距离有一定变化，撞击概率也有一定区别。

第6章　多米诺效应定量风险评估

随着现代化工行业的快速发展，工艺设备、产品多样化、复杂化和危险性增加，发生二次事故甚至多次连锁事故的可能性大大增加，潜在的多米诺事故危险也急剧增大。1984 年墨西哥城 LPG 转运站发生的一系列火灾爆炸事故造成了多达 500 人的死亡；1997 年 9 月印度斯坦某公司的炼油厂由于一个球罐发生泄漏、燃烧并爆炸，引发周围储罐连环爆炸，造成 60 多人丧生和 115 亿美元财产损失；1997 年北京某化工厂储罐区发生爆炸燃烧事故导致 9 人死亡、39 人受伤；2012 年 5 月 19 日，湖南省炎陵县一辆运送炸药和雷管的低速载货汽车在卸货时发生爆炸，造成 20 人死亡、2 人受伤；2013 年 11 月 22 日，山东省青岛市埋地输油管道发生泄漏，引发暗渠内油气混合物爆炸，并形成大范围连续爆炸，事故造成 62 人死亡、136 人受伤，直接经济损失 7.5 亿元。多米诺效应事故发生往往导致灾难性后果，严重影响社会公共安全。因此，有必要从多米诺效应发生机理出发，研究多米诺效应定量风险评估方法，进而为多米诺效应事故预防提供科学、实用的技术对策。

一个初始单元或设备发生事故导致的物理效应触发邻近的一个或多个设备相继发生二级及二级以上事故，从而增加了后果的严重度的现象称为多米诺效应。关于多米诺效应风险评估，发达国家早在 21 世纪初就陆续出台了相关法律规范。欧盟制定的《Seveso Ⅱ 指令》规定要求对重大危险源企业进行多米诺效应风险评估。意大利也有相关法律条文规定对危险源高度集中的生产场所进行全面的多米诺效应定量风险评估的要求。我国对油库区等危险品储存区的多米诺事故预防与研究主要体现在储罐设计时遵循的 GB 50160—2008 (2018 年版)《石油化工企业设计防火标准》和 GB 50074—2014《石油库设计规范》，以及对危险品储存区多米诺效应的风险评价技术。但是由于多米诺事故发生的小概率性、预测的不确定性和安全成本效益等问题，国内对多米诺效应事故防控方面缺乏应有的重视，相关研究也相对较少，特别是在安全评价或土地使用规划中较少考虑重大危险源的多米诺效应。将多米诺事故的定量分析法应用到现有安全评价方法中，通过分析企业、工厂装置发生多米诺效应的频率和后果，确定多米诺效应的风险范围，从而更有利于工厂布局、土地使用和企业的安全管理，对预防多米诺效应事故的发生有重要意义。

6.1　多米诺效应定量风险评估程序

定量风险评估(Quantitative Risk Assessment，简称 QRA)是指识别潜在危险，对潜在危险发生的概率及可能造成的后果进行分析。它已广泛应用于工作场所危险、有害物质运输，以及评价发生概率小而后果严重的事故风险评估中。多米诺效应定量风险评估也是基于各类型事故的定量风险评估而发展起来的。近年来，关于多米诺效应定量风险评估研究，Reniers、Cozzani、Abdolhamidzadeh 等都提出了具体的评估流程，分析这些评估流程可以得知其计算过程的整体框架基本一致，整个评估过程大致可以分为风险识别、概率计算、后果评估和风险指数计算等四个阶段，具体计算步骤和特定步骤所需方法见表 6－1。

表 6－1　多米诺效应定量风险评估的计算步骤和所需方法

阶段	步骤	所需方法
1. 风险识别	(1)初始事件扩展评估	后果分析模型
	(2)识别可能的目标单元	扩展阈值计算方法
	(3)识别可能的二级目标单元	扩展阈值计算方法
2. 概率计算	(1)各目标单元的伤害可能性	设备损坏概率模型
	(2)识别可能的二次事故场景可能的组合	特定的软件工具
	(3)计算每个二次事故场景可能组合的条件概率	特定的软件工具
3. 后果评估	(1)评估初始事故场景的后果	后果分析模型
	(2)评估每个所考虑的二级事故场景的后果	后果分析模型
4. 风险指数计算	(1)计算各事故场景组合的易受伤害曲线图	人的易受伤害度计算模型
	(2)计算各起始事故和二次事故可能组合的个人风险	风险指数计算软件
	(3)计算多米诺效应的总体风险指数	风险指数计算软件

注：下划线的地方是指计算多米诺效应风险所需的特定方法。

从表 6－1 中可以看出，与一般的单元定量风险评估相比，多米诺效应定量风险评估中各阶段计算过程要更为复杂。其中，风险识别阶段的二级目标单元识别是一个循环识别过程，二次事故场景可能的组合概率计算需要借助特定的软件工具。另外，多米诺效应事故风险定量评估方法需要较为详细的信息收集与数据分析，这些信息和数据大致包括以下五个方面：(1)所分析区域的设计布局；(2)可能引起初始事件的危险源在整个设计布局中具体位置；(3)初始事件发生的概率和后果分析的结果；(4)所有需考虑的二次目标设备的具体位置；(5)二次事故的后果分析的结果。

6.2　多米诺效应定量风险评估的关键

6.2.1　扩展阈值标准的确定

在多米诺效应定量评估的风险识别阶段，先定量分析初始事故可能造成的后果程度，再分析二级目标设备或单元受到初始事故产生的超压、热辐射和爆炸碎片的影响程度，对比该状况下超压、热辐射和爆炸碎片的扩展阈值，若初始事故在给定位置处的物理量值大于设定的扩展阈值，则初始事故就有可能对该处的设备造成一定程度的损坏，有必要进一步对其产生的多米诺效应进行深入分析，否则认为初始事故不会对该处的设备造成影响，没有必要再分析，因此临界值标准在多米诺效应的定量评价中至关重要。但是这三个扩展因素(超压、热辐射和爆炸碎片)的扩展阈值的确定本身就带有很强的经验性，它与初始事故的特征和二级目标设备或单元的几何特性和力学特性都有很紧密的关系。目前研究中关于扩展阈值的确定存在着较大的分歧，表6-2总结了国外研究中给出的各扩展因素的扩展阈值。由于扩展阈值的不确定性主要来源于事故扩展现象的复杂性，研究事故扩展的机理是确定扩展阈值标准的前提。总之，扩展阈值的合理确定需要综合考虑以下三个因素：①初始事故的伤害机理；②目标设备的几何特征和理化特性；③事故扩展的关键影响因素。

表6-2 国外研究中确定的各扩展因素的扩展阈值

扩展因素	阈值	设备类型	参考来源
热辐射/(kW/m^2)	9.5	所有设备	Tan(1967)
	12.5	所有设备	DM 151(2001)
	15.6	所有设备	API RP 510(1990)
	24.0	所有设备	Bagster and Pitblado(1991)
	25	所有设备	Van den Bosh et al. (1989)
	37	所有设备	Khan and Abbasi(1998)
	37.5	所有设备	HSE(1978)
	37.5	所有设备	BS 5908(1990)
	37.5	所有设备	Mecklenburgh(1985)
	38	所有设备	Kletz(1980)
超压/kPa	7	常压设备	Gledhill and Lines(1998)
	10	常压设备	Barton(1995)
	10	常压设备	Bottelberghs and Ale(1996)
	10	常压设备	Kletz(1980)
	14	常压设备	Gugan(1979)
	20.3	常压设备	Brasie and Simpson(1968)
	20.7	常压设备	Clancey(1972)
	23.8	常压设备	Glasstone(1980)
	30	所有设备	DM 151(2001)
	30	承压设备	Bottelberghs and Ale(1996)
	35	所有设备	Wells(1980)
	35	所有设备	Bagster and Pitblado(1991)
	38	承压设备	Gledhill and Lines(1998)
	42	承压设备	Cozzani and Salzano(2004c)

扩展因素	阈值	设备类型	参考来源
超压/kPa	55	承压设备	Brasie and Simpson(1968)
	65	承压设备	Glasstone(1980)
	70	所有设备	Khan and Abbasi(1998)
爆炸碎片/m	800	所有设备	DM 151(2001)
	1150	所有设备	HSE(1978)

6.2.2 扩展概率计算

在概率计算阶段通过分析超压、热辐射和爆炸碎片等三种物理效应的破坏形式，建立扩展概率(也称设备损坏概率)计算公式，进而计算二次事故场景及其可能组合的发生概率。当前，分析三种物理效应对设备的损坏进而扩展二次事故的概率时一般采用以下三种方法：①易损临界值模型(当初始事故对二次事故目标的影响高于给定损坏临界值时，事故扩展概率为1，否则为0)；②事故的扩展函数基于经验物理模型；③事故的扩展函数基于适合不同类型设备的概率模型。其中，第一种方法过于简单化，第二种方法计算结果可靠性依赖于经验模型的建立，其适应性较差，第三种方法比较合理可靠，它把不同物理效应作用下的设备进行分类计算。通常情况下它将热辐射作用下的目标设备分为竖直常压容器和水平受压容器两种，将超压作用下的目标设备分为常压容器、压力容器、加长设备和附属设备四种，针对不同的设备类型建立对应的事故扩展概率模型。具体扩展概率计算模型见表6－3。

表6－3 扩展概率计算模型

扩展因素	目标设备	扩展概率计算模型/%
热辐射	竖直常压容器	$Y = 12.54\% - 1.847\ln(ttf)$ $\ln(ttf) = -1.128\ln(I) - 2.667 \times 10^{-5}V + 9.877\%$
	水平受压容器	$Y = 12.54\% - 1.847\ln(ttf)$ $\ln(ttf) = -0.947\ln(I) + 8.835 \times V^{0.32}$
超压	常压容器	$Y = -9.36\% + 1.43\ln(P_s)$
	受压容器	$Y = -14.44\% + 1.82\ln(P_s)$
	加长容器	$Y = -12.22\% + 1.65\ln(P_s)$
	小型容器	$Y = -12.42\% + 1.64\ln(P_s)$

注：Y为扩展概率；I为作用于目标设备的热辐射强度，kW/m²；V为设备体积，m³；ttf为设备失效时间，s；P_s为作用于目标设备的峰值超压，kPa。

6.2.3 各二次事故组合的发生概率计算

在多米诺事故场景下一个初始事故可能会引发多个二次事故，然而二次事故又可以作为初始事故来引发其他的二次事故。如果考虑多层级的多米诺效应，那么在二次事故组合的发生的条件概率计算将会非常复杂，目前研究中绝大部分假设计算时只考虑一层的多米诺效应。V. Cozzani、G. Antonioni 等研究除了只考虑一层的多米诺效应下各二次事故组合的发生概率的详细计算方法，具体计算过程如下：

假设二次事故总数为 N，在 $k(k \leqslant N)$ 个二次事故中有 m 种组合，那么第 i 个二次事故的发生概率计算公式为：

$$P_d^{(k,m)} = \prod_{i=1}^{N} \left[1 - P_{d,i} + \delta(i, J_m^k)(2P_{d,i} - 1) \right] \tag{6-1}$$

式中，P_d 为第 i 个二次事故的发生概率；$J_m^k = [\gamma_1, \gamma_2, \cdots, \gamma_k]$ 表示 k 个二次事故中第 m 种组合的向量；函数 $\delta(i, J_m^k)$ 定义式(6-2)：

$$\delta(i, J_m^k) = \begin{cases} 1 & i \in J_m^k \\ 0 & i \notin J_m^k \end{cases} \tag{6-2}$$

6.2.4　多米诺效应事故后果分析

对多米诺效应的后果进行分析就是对初始事故的后果和概率以及二次事故的概率和后果进行定量分析。假设不考虑由多个事故同时存在而引起的叠加效应，分析事故后果时，单独计算每一个初始事故和二次事故的物理效应。目前计算后果组合有以下四种方法：

(1)总后果为由多米诺事故中包含的所有事故场景引起的死亡后果的总和，其公式为：

$$V_{de} = \min \left[\left(V_{pe} + \sum_{i=1}^{N} V_{d,i} \right), 1 \right] \tag{6-3}$$

式中，V_{de} 为多米诺效应事故总后果值，V_{pe} 为初始事故的后果值；$V_{d,j}$ 为多米诺事故中包含的第 i 个事故的后果值。

(2)假定每个事故均为独立事件，总后果的计算公式为：

$$V_{de} = 1 - (1 - V_{pe}) \prod_{i=1}^{N} (1 - V_{d,i}) \tag{6-4}$$

(3)计算初始和二次事故的物理效应的总剂量时考虑多米诺事故的假定时间序列：

$$D_{de} = \sum_{i=1}^{N} E_i^{\partial} \Delta t_i \tag{6-5}$$

式中，E_i 为在时间间隔 Δt_i 内引发的综合影响；∂ 为人体接收到物理效应的剂量计算系数；将时间间隔 Δt_i 求和得到多米诺效应事故的持续时间，s。

(4)计算初始和二次事故的物理效应的总剂量时不考虑多米诺事故的时间序列：

$$D_{de} = E_{pe}^{\partial} t_{pe} + \sum_{i=1}^{N} E_{d,i}^{\partial} t_{d,i} \tag{6-6}$$

式中，E_{pe} 为初始事故的影响；t_{pe} 为初始事故发生过程中的暴露时间，s；$E_{d,i}$ 为第 i 个多米诺事故影响；$t_{d,i}$ 为第 i 个多米诺事故发生过程中的暴露时间，s。

以上四种方法都是后果分析的近似计算，都只能粗略的计算多米诺效应总体后果。从计算概率的角度分析，方法 1 是对方法 2 进行简化计算，方法 2 比方法 1 要更准确，但是方法2中没有考虑人体受到物理效应剂量的非线性叠加效应，即人体受到物理效应的剂量计算系数 ∂ 取为1，这样计算就低估了实际的总后果值。方法3和方法4都仅限于不同事故场景产生的同一种物理效应的后果叠加计算，方法3考虑了多米诺事故的假定时间序列，由于实际情况下多米诺效应事故场景的时间序列的确定存在很多不确定性因素，方法4对方法3进行简化，不考虑多米诺效应事故场景的时间序列。总之，在多米诺效应后果分析中方法2和方法3或方法4结合使用会比单一计算方法更为高效和可靠。

6.3　多米诺效应定量风险评估研究新进展

近30年来，石油化工行业发生了多起由多米诺效应导致的严重事故，如1984年墨西哥石油储库、1997年印度斯坦某公司的LPG储罐爆炸事故、2005年英国某油库的火灾爆炸事故、2009年波多黎各的汽油储罐蒸气云爆炸事故、2013年中国大连某罐区连锁爆炸事故等。由于多米诺效应的严重后果，学者们通过对多米诺效应进行定量风险评估展开研究，制定了有关多米诺效应重大事故危害控制的相关技术标准，如1982年欧盟颁布82/501/EEC《某些工业活动的重大事故危害》指令(即Seveso指令)、1996年颁布96/82/EC《控制涉及危险物质的重大事故风险》指令(即Seveso Ⅱ)等，可见对多米诺效应危害的重视。

塞韦索指令源于1974年意大利北部城市Seveso发生的蒸气云爆炸事故，且随后1976年，Seveso又发生了高浓度TCDD(二噁英)蒸气云泄漏事故，造成十平方英里土地和植被被污染，2000多人接受中毒治疗，这两起事故直接促进了整个欧盟为预防此类事故的立法Seveso指令的出台。塞韦索指令的目的是防止危化品重大事故灾害的发生，削弱或限制事故发生后的危害，包括保障人身安全健康、维护环境安全。塞韦索指令第9条对化工园区因为邻近可能存在的隐患进行了规定，指出应确保主管当局利用从运营人根据相关规定收集到的信息，或在主管当局要求提供补充信息后，或通过根据指令第20条进行的检查，确定所有较低级别的由于地理位置和这些场所的接近程度以及它们的危险物质清单，可能会增加重大事故的风险或后果的高级机构或机构群。同样，我国的GB 50160—2008(2018年版)《石油化工企业设计防火标准》和GB 50074—2014《石油库设计规范》等标准也体现了对多米诺事故的预防。

6.3.1　基于贝叶斯网络的多米诺效应事故场景识别和定量风险评估

多米诺效应的常规定量风险分析方法的缺陷主要有两大点：第一，只分析计算第一层多米诺效应中各事故场景的发生概率，无法识别和考虑多层级多米诺效应。这样显然低估了潜在的多米诺效应风险，进而导致所采取的安全措施不符合实际要求；第二，这些方法均不能分析多米诺效应事故的实际演变过程，几乎不考虑各级事故单元之间可能存在的相互作用，因而，其分析过程过于简化，计算结果合理性难以保证。而贝叶斯网络是一个有向无环图，其中节点代表随机变量，节点之间的弧是指它们的直接依赖关系。依赖关系的类型和强度由条件概率表决定。贝叶斯网络的主要应用之一是利用最新信息进行概率更新，从而实时提高预测的精度。

针对常规定量风险分析方法的以上缺点，Khakza 等提出了一种基于贝叶斯网络的新模型，该模型不仅可以定性分析多层级多米诺效应事故场景演变过程，而且可以定量分析多层级多米诺效应发生的概率。基于贝叶斯网络的多米诺效应事故场景分析流程如图 6-1 所示，通过该分析流程可以分析得到多米诺效应事故场景下各设备发生事故的时间序列。

由于其灵活性和概率推理引擎，贝叶斯网络已广泛应用于工艺装置的风险分析和安全性评估、粉尘爆炸和多米诺效应。在目前的研究中，基于贝叶斯网络的多米诺效应发生概率计算的基本思想是以所分析区域内的设备单元为分析节点，设定各节点的属性参数，建立各节点之间的附属关系，利用链式法则和 D – 分离准则来叠加各物理效应作用下的扩展概率值，进而计算各层级多米诺效应下的各节点组合的条件概率值。该计算模型的优势主要有两点：①利用贝叶斯网络模型的灵活结构设计和强大的

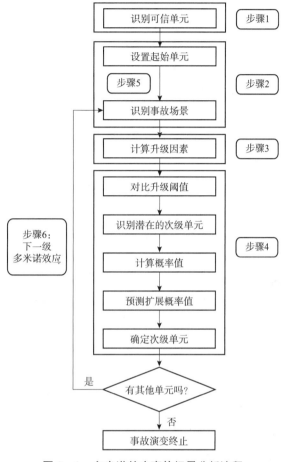

图 6-1　多米诺效应事故场景分析流程

条件概率计算能力，可以分析出各级设备单元之间的附属关系及其强度，并充分考虑分析节点之间的相互作用，有效地计算出多层级多米诺效应发生的概率；②由于各节点的参数信息和中间计算的概率值都可以循环更新，因此可以通过参数信息数据的更新来提高计算结果准确性和鲁棒性。

6.3.2　多米诺效应定量风险评估新方法

Cozzani 等综合考虑事故场景本质安全距离、初始单元与二级目标设备单元的实际间隔和事故场景中危险物质的实际库存量等三个因素提出了四个多米诺效应风险指数，分别是多米诺连锁效应潜在危险指标(Domino Chain Potential Index，简称 DCP)、多米诺连锁效应实际危险指数(Domino Chain Actual Hazard Index，简称 DCA)、单元多米诺危险指数(Unit Domino Hazard Index，简称 UDI)和目标多米诺危险指数(Target Domino Hazard Index，简

称 TDI)，综合这四个风险指数计算结果，定量评估各设备单元的多米诺效应风险，进而确定其预防多米诺效应的本质安全距离。

针对常规定量风险分析方法在评估多单元、设备布局复杂的情形下的多米诺效应风险的不足，Abdolhamidzadeh 等提出了基于蒙特卡洛模拟理论的多米诺效应发生概率预测方法，并基于该算法开发了 FREEDOM(FREquency Estimation of DOMino accidents)计算软件。其基本思路是输入设备数、设备失效概率、扩展概率、迭代步数、时间步长等参数，对设备失效引发多米诺效应的概率进行随机模拟，反复迭代直到计算终止。该计算方法综合考虑了各设备单元之间的相互影响，即使在低迭代步数(比如 1000 步)下该方法的计算结果也比较准确，且适用于多设备单元系统的多米诺效应风险分析。

6.4　多米诺效应定量风险评估的发展方向

由于在实际的多米诺效应事故场景中大多包含多层级多米诺效应，导致多米诺效应风险分析过程非常复杂且存在较多不确定性因素，当前多米诺效应定量风险分析几乎都是只分析一层多米诺效应，虽然已有研究人员利用神经网络和蒙特卡洛模拟等理论建立了定量分析多层级的多米诺效应风险的方法，但是这些新的研究方法的可靠性和工程实用性还有待进一步分析。故至今还没有一个广泛接受的多米诺效应定量风险评估的方法。基于当前的多米诺效应定量风险分析的研究难点和局限，多米诺效应定量风险评估研究的发展方向大致有以下四个方面：

(1)扩展阈值标准的确定对多米诺效应定量风险分析至关重要，当前扩展阈值标准的确定存在较大分歧，因此有必要从多米诺效应事故扩展机理研究出发，综合考虑初始事故的伤害机理、目标设备的几何特征和理化特性和事故扩展的关键影响因素等，建立合理可行的扩展阈值标准。

(2)虽然国内外研究中已经提出了热辐射和超压产生的事故扩展概率计算方法，但是其计算模型的误差相对较大，特别是超压产生的事故扩展概率计算模型的相对误差甚至超过 50%，因此对现有的扩展概率计算模型进行改进是需要深入研究的方面。而由于爆炸碎片造成事故扩展的机理较为复杂，国内外研究中尚未提出关于爆炸碎片的扩展概率计算方法，这也是需要加强研究的方面。

(3)当前常规的多米诺效应事故风险定量分析方法可以计算出分析区域内总体的多米诺效应风险指数，而事故近场区域内的关键设备单元的风险则可以利用 CFD 程序或有限元分析方法来做定量分析，将这些方法结合使用将会更为高效和可靠。

(4)鉴于多层级的多米诺效应风险分析的复杂性，利用贝叶斯网络、蒙特卡洛模拟和其他能处理多层级复杂关系的理论方法来研究多米诺效应定量风险评估新方法将是多米诺效应定量风险评估的重要研究领域。

6.5　多米诺效应定量风险评估案例

6.5.1　多米诺效应案例分析

定量风险评价风险度量分为个体风险和社会风险。分析危险化学品企业主要的事故风险，采用定量风险评价方法，通过个人风险和社会风险指标，对危险化学品储存区进行定量风险评估。本文采用挪威船级社(DNV)的 SAFETI 系列软件计算多米诺效应的个人风险与社会风险。进行模拟计算时，需要做好企业的地图标注工作，同时需要统计危险源位置、人员分布、气候条件等。定量风险评估的结果应与风险基准进行比较，并判定风险的可接受程度。风险基准应满足 GB 36894—2018《危险化学品生产装置和储存设施风险基准》中规定的要求。

选取某仓储有限公司为例，该公司的常压储罐布局(T1～T6)，如图 6-2、图 6-3 所示，此案例仅考虑储罐发生泄漏引起初始事故为爆炸的模型。

图 6-2　储罐布局

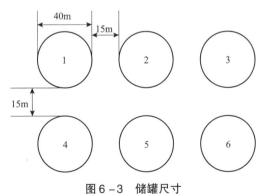

图 6-3　储罐尺寸

该公司危险源描述如表 6 - 4 所示。

表 6 - 4　案例罐区设备基本参数

性质	描述(T1 ~ T6)
储存设备	常压储罐
储量	10000m³
储液	甲醇
密度	791kg/m³
状态	液态
储存压力	0.1MPa
环境湿度	79%
储存温度	22℃
年平均风速	2.2m/s
均匀人口密度	0.46 人/hm²

为简化研究，假定常压罐区(T1 ~ T6)发生泄漏后，导致爆炸。若周围储罐受到超压的影响达到阈值，则可能引发二次事故，继续导致爆炸的蔓延。图 6 - 4 为 T1 发生爆炸时，对罐区其他储罐的超压影响示意图。

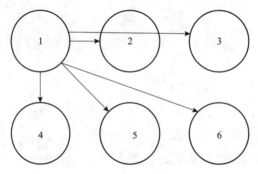

图 6 - 4　超压传播示意图

如图 6 - 4 所示，储罐 T1 发生泄漏引起的初始事故爆炸会以超压的形式，对周边储罐产生一定影响，若超压值超过阈值，则会引起多米诺事故。假设此罐区所有储罐的状态一致，则其自身风险系数指数均相等。

表 6 - 5 为用 DNV 计算的储罐间因爆炸相互传递的超压值，小于阈值(22kPa)显示为 0，其中，第一列为初始事故储罐单元(T1 ~ T6)，第一行为升级单元(DT1 ~ DT6)。

表 6 - 5　储罐区爆炸超压作用　　　　　　　　　　　　　　　　　　　　kPa

储罐	DT1	DT2	DT3	DT4	DT5	DT6
T1	—	804.9	0	804.9	38.6	0
T2	804.9	—	804.9	38.6	804.9	38.6

续表

储罐	DT1	DT2	DT3	DT4	DT5	DT6
T3	0	804.9	—	0	38.6	804.9
T4	804.9	38.6	0	—	804.9	0
T5	38.6	804.9	38.6	804.9	—	804.9
T6	0	38.6	804.9	0	804.9	—

选取一种多米诺场景进行研究，多米诺事故场景 A 为储罐 T1 发生爆炸，同时造成 T2、T4、T5 发生事故。

将 T1 爆炸作为初始事件，事故的爆炸超压(TNT 当量法)造成邻近设备发生二次事故进而引发多米诺效应。对多米诺效应的分析见表 6－6。

表 6－6 二次事故发生概率

储罐	与 T1 距离/m	二次事件	超压/kPa	设备损坏概率模型	发生概率 P
T2	15	爆炸	804.9		1
T4	15	爆炸	804.9	$Y = -18.96 + 2.44\ln(p_s)$	1
T5	37	爆炸	38.6		0.96

结合常压储罐自身失效概率，可计算出二级储罐单元受初始事故储罐爆炸超压的影响，从而发生失效的概率，多米诺场景下的事故概率如表 6－7 所示。

表 6－7 多米诺场景下的事故概率

多米诺场景	概率 $P_d^{(k,m)}$	多米诺概率
A	$1 \times 1 \times 0.96 = 0.96$	$P_{初始} \times 0.96$

注：初始设备失效概率 $P_{初始}$ 参考 4.3.1 节内容。

将此罐区的相关参数导入 DNV 软件，可得到罐区考虑多米诺效应的个人风险和社会风险，并与未考虑多米诺效应的风险进行对比。风速为 2.2m/s，年平均风向频率如表 6－8 所示。

表 6－8 年平均风向频率

	风向															
	N	NNE	NE	ENE	E	ESE	SE	SSE	S	SSW	SW	WSW	W	WNW	NW	NNW
年平均	4.21	2.84	14.9	2.77	5.51	1.85	15.3	4.18	11.1	3.01	6.64	0.68	2.12	0.96	11.7	2.29

多米诺场景 A 的个人风险如图 6－5 所示，社会风险如图 6－6 所示。

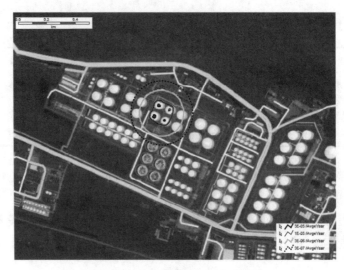

图6-5　多米诺场景A的个人风险

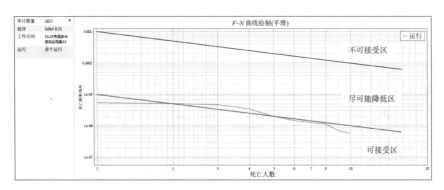

图6-6　多米诺场景A的社会风险

未考虑多米诺效应的个人风险如图6-7所示，社会风险如图6-8所示。

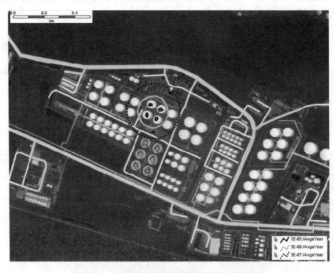

图6-7　未考虑多米诺效应个人风险

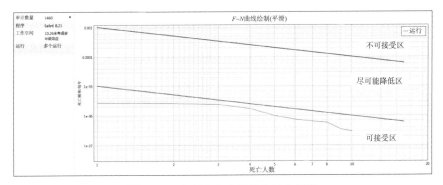

图6-8 未考虑多米诺效应社会风险

由图6-5、图6-6、图6-7和图6-8所知，多米诺场景A的个人风险和社会风险高于未考虑多米诺场景，未考虑多米诺场景的个人风险最高为1×10^{-5}，且1×10^{-5}的个人风险曲线在单独的储罐内，而考虑多米诺效应场景A的1×10^{-5}的个人风险曲线在4个储罐所形成的区域内个人风险显著增加，多米诺场景A个人风险中出现了3×10^{-5}的等值线，需要尽可能采取措施降低风险，对比两种场景的社会风险可知，未考虑多米诺场景的社会风险全部都落在可接受区，风险是可接受的，而多米诺场景A的$F-N$曲线部分落在尽可能降低区，当人数为$2 \sim 5$人时，累积频率超出了可接受范围，落在尽可能降低区，风险高于未考虑多米诺效应的场景，应根据实际情况采取措施降低风险。

6.5.2 多米诺效应案例分析小结

（1）对多米诺效应的研究进行较全面的介绍，并重点讨论了多米诺效应的定义、多米诺事故的辨识和多米诺事故频率的分析、多米诺效应的后果分析。

（2）提出了基于多米诺效应的危险化学品储存区定量风险评估模型，包括评估流程、传播概率、阈值计算以及风险分析。

（3）以甲醇常压储罐区为例，运用SAFETI 8.2.1软件，计算多米诺效应的个人风险和社会风险，得出考虑多米诺效应的个人风险和社会风险高于未考虑多米诺效应的风险的结论，为危险化学品企业进行事故防控提供指导。

第7章 多米诺效应事故防控

7.1 多米诺效应防控"五阶策略"

关于过程设备易损性理论的研究，主要目的是有效进行多米诺效应事故防控，但是多米诺效应体系繁杂，非任何单一技术方法可实现预防控制，即使是绝对的安全距离与容量限制，也由于其他多方面原因无法完全实现，因此，需根据多米诺效应各要素特点，应用系统工程原理与方法，对多米诺效应进行有效防控。

多米诺效应的核心要素是初始事故场景与扩展事故场景，中间存在天然的空间距离与各种保护层，众多扩展网络即构成广泛的多米诺效应现象。初始场景一般多指危化品泄漏扩散、火灾、爆炸，泄漏控制是核心，关于建构筑物固体火灾、反应失控物理爆炸、粉尘爆炸等其他类型事故场景不做详细考虑，强调加强安全管理；安全距离是致损因子扩展传播的物理隔离，与初始事故场景强度有关，主要是危化品容量；扩展事故场景是否发生取决于致损因子强度、目标设备易损性、保护层设置三个方面；多米诺效应定量风险评价以多米诺扩展网络为基础，处于较高的系统层次。提出多米诺效应防控五级递阶策略系统工程方法，如图7-1所示，用以综合考虑多米诺效应各要素，并与其他过程安全技术方法相融合，从而降低化工企业或化工园区多米诺效应风险。

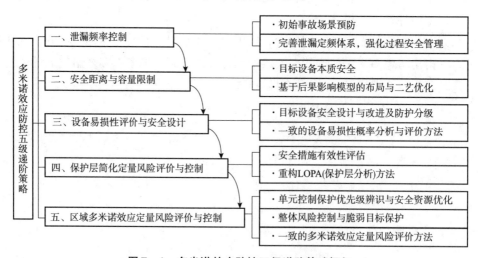

图 7-1 多米诺效应防控五级递阶策略框架

7.1.1 策略一 泄漏频率控制

1)策略目的与量化

目的:预防危化品泄漏扩散、火灾、爆炸初始事故场景。

量化:泄漏频率与其修正后的失效概率。

2)策略要点与技术融合

需重点关注及融合的技术要点包括如下几个方面:

(1)危险辨识 如 AQ/T 3049—2013《危险与可操作性(HAZOP 分析)应用导则》。该导则规定了应用引导词对系统进行 HAZOP 分析中的技术要求和分析步骤,包括定义、准备、分析会议、结果记录和跟踪等。HAZOP 分析采用结构化和系统化方式对给定系统进行分析,旨在识别系统中潜在的风险和潜在的可操作性问题;

(2)泄漏检测 如 GB/T 26610.1~.5—2011/2014《承压设备系统基于风险的检验实施导则》。需要指出的是,检测本身并不能改变或降低损伤机理,是为了在预测了失效发生前就计划和实施减缓措施,降低失效概率;

(3)结构完整性 如 GB/T 19624—2019《在用含缺陷压力容器安全评定》。该标准规定,安全评定应包括对评定对象的状况调查(历史、工况、环境等)、缺陷检测、缺陷成因分析、失效模式判断、材料检验(性能、损伤与退化等)、应力分析、必要的实验与计算,并根据该标准的规定对评定对象的安全性进行综合分析和评价;

(4)过程安全管理 如 AQ/T 3034—2010《化工企业工艺安全管理实施导则》。该导则是在借鉴国外石油化工生产过程中的工艺过程安全管理模式和管理方法的基础上,结合我国实际情况形成的,旨在为企业提供本质安全管理的思路和框架。

泄漏频率及其修正可参考 GB/T 26610.4—2014 失效可能性定量分析方法,如式(7−1)。

$$F = F_G \times F_E \times F_M \times F_L \qquad (7-1)$$

式中,F 为修正后的设备失效概率;F_G 为同类设备平均失效概率(泄漏频率);F_E 为设备修正系数;F_M 为管理系统评价系数,F_L 为超标缺陷影响系数。

泄漏频率推荐值以及设备修正系数、管理系统评价系数、超标缺陷影响系数各要素如表 7−1 与表 7−2 所示。

表 7−1 泄漏频率推荐值

设备类型	泄漏频率			
	6mm 孔径	25mm 孔径	100mm 孔径	破裂
储存容器	4×10^{-5}	1×10^{-4}	1×10^{-5}	6×10^{-6}
反应容器	1×10^{-4}	3×10^{-4}	3×10^{-5}	2×10^{-6}
塔器	8×10^{-5}	2×10^{-4}	2×10^{-5}	6×10^{-6}
管壳式换热器	4×10^{-5}	1×10^{-4}	1×10^{-5}	6×10^{-6}
空气冷却器	2×10^{-3}	3×10^{-4}	5×10^{-8}	2×10^{-8}

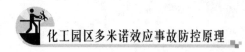

续表

设备类型	泄漏频率			
	6mm 孔径	25mm 孔径	100mm 孔径	破裂
常压储罐	4×10^{-5}	1×10^{-4}	1×10^{-5}	2×10^{-5}
$DN20 \sim DN400$ 管道	$1 \times 10^{-5} \sim 6 \times 10^{-8}$	$<2 \times 10^{-7}$	$<2 \times 10^{-8}$	$<1 \times 10^{-8}$
离心泵	6×10^{-2}	5×10^{-4}	1×10^{-4}	—
往复泵	7×10^{-1}	1×10^{-2}	1×10^{-3}	1×10^{-3}
离心压缩机	—	1×10^{-3}	1×10^{-4}	—
往复压缩机	—	6×10^{-3}	6×10^{-4}	—

表 7 - 2　泄漏频率修正要素

修正项		修正要素
设备修正	技术模块	减薄、应力腐蚀开裂、高温氢蚀、炉管损伤、机械疲劳损伤、设备衬里破坏、外部损伤、脆性断裂
	通用条件	工厂条件、寒冷气候运行、地震活动
	机械	结构复杂性(设备、管道复杂性)、建造规范、寿命周期、安全系数(操作压力、操作温度)、振动监测
	工艺	工艺连续性(计划、非计划停车)、工艺稳定性、安全阀状态(维护程序、污垢、腐蚀、清洁状态)
管理系统评价		安全生产责任制、工艺安全信息、工艺危害性分析、安全检查、变更管理、操作规程、安全作业、人员培训、检验维护、投用前安全检查、应急措施、事故调查、分包管理、安全生产管理系统评估
超标缺陷影响		不存在与时间相关退化机理,但存在超标缺陷时,根据定期检验规程、合乎使用评价、安全系数确定
		存在与时间相关退化机理时,根据服役条件(高温、疲劳、特殊介质、作用环境)、损伤机理(常温疲劳、常温疲劳 + 腐蚀、常温特殊介质应力腐蚀开裂、高温蠕变、高温疲劳、高温材质劣化、高温 + 介质腐蚀)、拟服役时间、剩余寿命确定

7.1.2　策略二　安全距离与容量限制

1)策略目的与量化

目的:最大程度实现目标设备本质安全。

量化:确定性安全距离与安全容量。

2)策略要点与技术融合

主要是安全距离与事故后果模型两个方面:

(1)安全距离　如 GB 50160—2008(2018 年版)《石油化工企业设计防火标准》。该规范的制定旨在防止和减少石油化工企业火灾危害,保护人身和财产安全。主要从区域规划与工厂总平面布置出发对相关安全距离进行了规定;

（2）事故后果模型 如 AQ/T 3046—2013《化工企业定量风险评价导则》。该标准规定了化工企业定量风险评估过程中的技术要求，定量风险评价包括以下步骤，准备阶段、资料数据收集、危险辨识、失效频率分析、失效后果分析、风险计算、风险评价和确定评价结论，最后编制风险评价报告。

对于多米诺效应防控，安全距离与安全容量是互补的、可实现目标设备本质安全的技术措施，两者均与致损因子阈值有关。阈值主要根据目标设备类型及其破坏失效模式与严重程度确定，安全距离则根据阈值与初始事故场景特征确定，安全容量可限制初始场景致损因子强度。安全距离主要在厂区的布局设计阶段实现，而安全容量可实现动态管理。表 7－3 是 Cozzani V. et al. 推荐的阈值与安全距离取值。另外，在非标准规范推荐列表式安全距离或存在其他不确定性因素时，可应用运筹学方法，以事故后果模型为基础，对设备布局与储存工艺进行优化。

表 7－3　阈值与安全距离推荐值

事故场景	致损因子	致损机理	目标设备	损伤阈值	扩展阈值	安全距离
闪火	热辐射	火焰接触	浮顶罐	—	火焰边界	最长火焰宽度
			其他	—	—	—
火球	热辐射	火焰接触	常压罐	$I > 100\text{kW/m}^2$	$I > 100\text{kW/m}^2$	最长火焰宽度
			压力容器	—	—	—
		远距离辐射	常压罐	$I > 100\text{kW/m}^2$	$I > 100\text{kW/m}^2$	最长火焰宽度
			压力容器	—	—	—
喷射火	热辐射	火焰接触	所有	火焰边界	火焰边界	—
		稳态辐射	常压罐	$I > 15\text{kW/m}^2$	$I > 15\text{kW/m}^2$	远离火焰边界 50m
			压力容器	$I > 45\text{kW/m}^2$	$I > 45\text{kW/m}^2$	远离火焰边界 25m
池火	热辐射	火焰接触	所有	火焰边界	火焰边界	—
		稳态辐射	常压罐	$I > 15\text{kW/m}^2$	$I > 15\text{kW/m}^2$	远离液池边界 50m
			压力容器	$I > 45\text{kW/m}^2$	$I > 45\text{kW/m}^2$	远离液池边界 20m
VCE	超压	冲击波交互	常压罐	$P > 7\text{kPa}$	$P > 22\text{kPa}$	$R = 1.75(\text{ME})$；$1.50(\text{BS})$
			压力容器	$P > 20\text{kPa}$	$P > 20\text{kPa}$	$R = 2.10(\text{ME})$；$1.80(\text{BS})$
			塔（有毒）	$P > 14\text{kPa}$	$P > 20\text{kPa}$	$R = 2.10(\text{ME})$；$1.80(\text{BS})$
			塔（可燃）	$P > 14\text{kPa}$	$P > 31\text{kPa}$	$R = 1.35(\text{ME})$；$0.85(\text{BS})$
	热辐射	火焰接触	见闪火	见闪火	见闪火	见闪火
受限空间爆炸	超压	冲击波交互	常压罐	$P > 7\text{kPa}$	$P > 22\text{kPa}$	远离泄压口 20m
			压力容器	$P > 20\text{kPa}$	$P > 20\text{kPa}$	远离泄压口 20m
			塔（有毒）	$P > 14\text{kPa}$	$P > 20\text{kPa}$	远离泄压口 20m
			塔（可燃）	$P > 14\text{kPa}$	$P > 31\text{kPa}$	远离泄压口 20m

续表

事故场景	致损因子	致损机理	目标设备	损伤阈值	扩展阈值	安全距离
物理爆炸	超压	冲击波交互	常压罐	$P>7kPa$	$P>22kPa$	$R=1.80$
			压力容器	$P>20kPa$	$P>20kPa$	$R=2.00$
			塔(有毒)	$P>14kPa$	$P>20kPa$	$R=2.00$
			塔(可燃)	$P>14kPa$	$P>31kPa$	$R=1.20$
	碎片抛射		所有	碎片影响	碎片影响	300m(概率 $<5\times10^{-2}$)
BLEVE	超压	冲击波交互	常压罐	$P>7kPa$	$P>22kPa$	$R=1.80$
			压力容器	$P>20kPa$	$P>20kPa$	$R=2.00$
			塔(有毒)	$P>14kPa$	$P>20kPa$	$R=2.00$
			塔(可燃)	$P>14kPa$	$P>31kPa$	$R=1.20$
	碎片抛射		所有	碎片影响	碎片影响	300m(概率 $<5\times10^{-2}$)
点源爆炸	超压	冲击波交互	常压罐	$P>7kPa$	$P>22kPa$	—
			压力容器	$P>20kPa$	$P>20kPa$	—
			塔(有毒)	$P>14kPa$	$P>20kPa$	—
			塔(可燃)	$P>14kPa$	$P>31kPa$	—

注：I 为热辐射通量；P 为峰值超压；R 为能量比例距离；ME 为多能法；BS 为 Baker - Sthrelow 法

7.1.3 策略三 设备易损性评价与安全设计

1)策略目的与量化

目的：目标设备安全设计与改进及防护分级。

量化：设备易损性评价概率结果。

2)策略要点

策略一与策略二相关技术已比较容易实现，策略三从设备受致损因子影响角度出发，关注扩展事故场景形成，可与初始场景辨识形成互补，主要包括三个方面：

（1）设备易损性评价

在当前的危险辨识、安全评价、风险评价、可靠性设计、基于风险检验、过程安全管理活动中，多是从初始场景角度进行定性或定量分析评价的；也存在单致损因子的设计评价标准，如抗震设计、防火规范等；另外，在设备与结构的设计标准中，也提供关于不同外载荷的设计方法与安全方案；但这些致损因子均是分散考虑的，对设备破坏失效影响的评估方法也不尽相同；因此，有必要从设备受致损因子影响角度，提供一个综合一致的设备易损性评价方法体系，为设备安全设计与改进、保护层防护设置、厂区安全评价、多米诺效应防控、多致损因子统一管理提供技术支持。

设备易损性评价目的主要包括三个方面：

①统一评估设备在各类致损因子影响下发生破坏失效的可能性；

②为设备安全设计与改进及保护层防护提供依据；

③为多米诺效应定量风险评价提供致损概率基础数据。

设备易损性评价程序如图7-2所示。

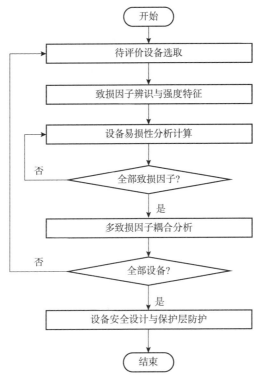

图7-2 设备易损性评价程序

待评价设备选取：易损性评价设备选取需要遵循一定的原则与方法，否则将导致无明显意义的分析与巨大工作量，主要选取原则是设备破坏失效可能产生严重事故后果影响，如重大危险源、第三类压力容器等。

致损因子辨识与强度表征：同一区域范围，过程设备可能承受的自然灾害致损因子类型及其强度无明显差异，但初始事故场景产生的火灾热辐射、爆炸冲击波、爆炸碎片致损因子强度会有显著不同。根据辨识初始事故场景，结合事故后果影响模型与实践经验，对致损因子强度进行定量表征，主要是确定强度均值与方差或取值区间，如火焰表面温度均值与方差、火灾最长持续时间、爆炸冲击波峰值压力上下界等。

设备易损性分析计算：剥离设备所有保护层，选择或开发合适的易损性模型，对所有潜在致损因子影响下设备易损性进行分析计算，绘制设备易损性曲线。

多致损因子耦合分析：对同步致损因子耦合作用进行设备易损性概率逻辑运算，对所有致损因子及其耦合情况进行设备易损性排序运算。

设备安全设计与保护层防护：在设备易损性评价基础上改进设备安全设计，或对保护层防护提出定量需求。

(2)设备安全设计与改进

设备的安全管理是企业安全生产及运转十分重要的方面，需要从设备的设计方面考虑其安全防护性能、安全可靠性和稳定性，需要认真研究和分析可能会有哪些潜在危险，推测发生各种潜在危险的可能性，并根据行业内已发生的设备安全事故从技术上提出防止这些危险性及控制危险的方法。

在成本考虑方面，设计是与设备的执行成本和使用寿命息息相关的一个阶段。在设计阶段提高对安全的要求，对使用中的一些安全问题提前考虑好预防措施，可以减少后期的经营成本。在概念设计阶段，考虑安全问题也有一些优点，如：提高生产效率，纠正设计中的一些缺陷，避免后期改装增加成本，减少对环境的破坏，减少对人体的伤害，减少服务成本。

在预防扩展事故场景形成方面，设备安全设计与改进比保护层防护更可靠，易损性模型提供了一种量化方法，核心目标是使设备易损性概率结果尽可能低，如以 LPG 卧罐火灾易损性分析为例，通过不断调整安全阀参数，使干壁稳定温度尽可能低于材料极限温度，保证泄压完全前，BLEVE 发生概率最小。

（3）设备防护分级

设备安全设计与改进无法满足要求时，进一步策略即是保护层防护，可根据设备易损性评价结果对保护层防护设置提出定量需求。

7.1.4　策略四　保护层简化定量风险评价与控制

1）策略目的与量化

目的：安全措施或保护层有效性评估。

量化：独立保护层要求时失效概率（Probability of Failure on Demand，PFD）。

2）策略要点与技术融合

主要是保护层分析与功能安全两个方面：

（1）保护层分析　如 AQ/T 3054—2015《保护层分析（LOPA）方法应用导则》，该标准规定了化工企业采用 LOPA 方法的技术要求，包括 LOPA 基本程序、场景识别与筛选、初始事件确立、独立保护层评估、场景频率技术、风险评估与决策、LOPA 报告和 LOPA 后续跟踪及审查。保护层分析（LOPA）是在定性危害分析的基础上，进一步评估保护层的有效性，并进行风险决策的系统方法，其目的是确定是否有足够的保护层使风险满足企业的风险标准；

（2）功能安全　如 GB/T 20438.1～.7—2017《电气/电子/可编程电子安全相关系统的功能安全》，此标准针对由电气/电子/可编程电子组件构成的、用来执行安全功能的系统安全生命周期的所有活动，提出了一个通用方法，采用统一方法的目的是针对所有以电子为基础的安全相关系统提出一种完善的、合理的技术方针。

GB/T 21109.1～.3—2007《过程工业领域安全仪表系统的功能安全》，此标准要求执行一次过程危害和风险评估，使之能导出安全仪表系统的规范，当考虑安全仪表系统的性能要求时，才考虑其他安全系统，从而把其他安全系统的贡献计算在内。

保护层一般分为八个层次，工艺设计本质安全、基本过程控制系统（BPCS）、关键报警和人员响应、安全仪表功能、物理保护（释放设施，如安全阀、爆破片等）、释放后物理保护

（如防火堤、防爆墙等）、厂区应急响应、周围社区应急响应，它们均是从预防初始事故场景发生或限制其影响角度进行定义分类的，但同时隐含了预防扩展事故场景形成的部分功能。因此，可对保护层分析方法进行重构，根据设备易损性评价结果，定义预防扩展事故场景形成的保护层类型及其要求时失效概率（PFD）。表7-4是推荐的典型独立保护层PFD数据。

表7-4 典型独立保护层推荐 PFD 数据

独立保护层			说明	PFD
本质更安全设计			大幅降低相关场景后果频率	$1 \times 10^{-6} \sim 1 \times 10^{-1}$
基本过程控制系统（BPCS）			如果与初始事件无关，可作为一种独立保护层	$1 \times 10^{-2} \sim 1 \times 10^{-1}$
关键报警和人员响应	人员行动，10min 响应时间		行动应具有单一性与可操作性	$1 \times 10^{-1} \sim 1.0$
	人员对 BPCS 指示或报警响应，40min 响应时间			1×10^{-1}
	人员行动，40min 响应时间			$1 \times 10^{-2} \sim 1 \times 10^{-1}$
安全仪表功能	安全完整性等级	SIL1	GB/T 21109. 1 ~. 3—2007	$1 \times 10^{-2} \sim 1 \times 10^{-1}$
		SIL2		$1 \times 10^{-3} \sim 1 \times 10^{-2}$
		SIL3		$1 \times 10^{-4} \sim 1 \times 10^{-3}$
物理保护	安全阀		有效性对服役条件比较敏感	$1 \times 10^{-5} \sim 1 \times 10^{-1}$
	爆破片			$1 \times 10^{-5} \sim 1 \times 10^{-1}$
释放后物理保护	防火堤		降低储罐溢流、断裂、泄漏等造成严重后果频率	$1 \times 10^{-3} \sim 1 \times 10^{-2}$
	地下排污系统			$1 \times 10^{-3} \sim 1 \times 10^{-2}$
	开放式通风口		防止超压	$1 \times 10^{-3} \sim 1 \times 10^{-2}$
	耐火涂层		减少热通量输入，为降压、消防等提供额外响应时间	$1 \times 10^{-3} \sim 1 \times 10^{-2}$
	防爆墙/舱		限制冲击波，保护设备、建构筑物等，降低爆炸重大后果频率	$1 \times 10^{-3} \sim 1 \times 10^{-2}$
	阻火器/防爆器		如果安装与维护合适，可防止通过管道进入容器或储罐的潜在回火	$1 \times 10^{-3} \sim 1 \times 10^{-1}$
	遥控式紧急切断阀			$1 \times 10^{-2} \sim 1 \times 10^{-1}$

7.1.5 策略五 区域多米诺效应定量风险评价与控制

1）策略目的与量化

目的：①辨识设备或单元控制保护优先级，辅助安全资源优化；②控制区域整体风险，保护脆弱目标。

量化：多米诺场景概率或多米诺效应风险。

2）策略要点与技术融合

区域多米诺效应定量风险评价处于较高系统层次，评价结果可用多米诺场景概率或多米诺个人风险与社会风险表征，而且方法依赖于策略一至策略四的结果。由于多米诺扩展网络比较复杂，尤其当节点设备或单元及其影响连接关系较多时，概率评价结果对节点参数变化敏感性非常低，因此，防控措施制定及其有效性评估很难落到节点层级，所以策略五主要目的是辨识节点控制保护优先级，辅助安全资源优化，以及对区域整体风险进行控制，辅助管理决策，保护脆弱目标。

(1)定量风险评价方法选择　实现策略目的，需要一致的多米诺效应定量风险评价方法，但当前并未达成共识，可选择认可度较高的 Cozzani V. et al. 提出的方法。关于以设备易损性理论为基础的致损概率计算，需开展广泛的设备易损性研究与评价活动，丰富基础数据。

(2)安全资源最优利用　安全资源总是有限的，如何合理安排从而达到最优利用需要方法指导，多米诺效应风险提供了一种量化途径，可通过研究多米诺效应风险对节点设备或单元的依赖程度，辨识节点控制保护优先级，辅助安全资源优化。

(3)脆弱目标保护决策　通过多米诺效应定量风险评价可控制区域整体风险水平，最直接的方法即是对人员聚集脆弱目标进行保护干预，降低社会风险。

7.2　化工园区安全保障体系

工业和信息化部公布的《石化和化学工业"十二五"发展规划》明确指出："新建危险化学品生产企业必须设置在化工园区等专业工业园区内，并严格准入条件。对不在规划区域内的危险化学品生产储存企业制定'关、停、并、转(迁)'计划，推动重大危险源过多或分散、安全距离不足、安全风险高以及在城市主城区、居民集中区、饮水源区、江河水资源保护地、生态保护区、风景名胜区等环境敏感区域内的危险化学品生产企业搬迁进入化工园区等专业工业园区"。建立化工园区已经是石化和化学产业的必然发展趋势。但是，由于在一个相对集中的区域内聚集了大量的危险化学品重大危险源，并且石化和化工企业的生产工艺复杂，生产设备承受高温、高压等条件，极易发生危险化学品泄漏扩散、火灾、爆炸等重大生产安全事故，造成灾难性的事故后果。例如，2021 年 5 月 11 日 13 时 28 分，沧州某公司 TDI 车间硝化装置发生爆炸事故，造成 5 人死亡、80 人受伤，其中 14 人重伤，厂区内供电系统严重损坏，附近村庄几千名群众疏散转移；同年 5 月 31 日，河北沧州南大港产业园区某公司重油储罐发生火灾；2019 年 3 月 21 日 14 时 48 分许，位于江苏省盐城市响水县生态化工园区某公司发生特别重大爆炸事故，造成 78 人死亡、76 人重伤，640 人住院治疗，直接经济损失 198635.07 万元；2012 年 02 月 18 日，河北省石家庄市赵县某化工厂硝酸胍车间发生爆炸事故，造成 25 人死亡；2011 年 11 月 19 日，山东省泰安市某公司三聚氰胺项目联苯 - 联苯醚液冷凝器停车检修过程中发生喷射燃烧事故，造成 15 人死亡。《石化和化学工业发展规划(2016—2020 年)》指出："石化和化学工业企业数量多、规模小、产能分布分散，部分危险化学品生产企业尚未进入化工园区。同时，化工园区"数量多、分布散"的问题较为突出，部分园区规划、建设和管理水平较低，配套基础设施不健全，存在安全环境隐患"。因此，开展积极有效的化工园区安全管理与技术研究非常必要。

近年来国内外针对化工园区已经开展了大量的安全管理与技术研究工作，但是研究内容多是从特定的角度出发，研究某一类特定的安全问题。目前主要的研究方向如下：化工园区安全规划内容、方法与程序的研究，化工园区区域定量风险评价方法的研究，化工园区应急管理模式的研究，化工园区安全容量的研究，化工园区多米诺效应事故的研究。可见，关于化工园区安全管理与技术的研究内容还比较分散，缺乏用以指导化工园区安全保障实际工作的系统框架。

通过综合近年来化工园区安全管理与技术方面的研究与实践成果，提出构建系统的化工园区安全保障体系，旨在为化工园区的安全生产工作提供实际指导，同时为化工园区安全保障关键技术的进一步深入研究指明方向。

7.2.1　化工园区安全保障体系构建

化工园区的安全管理工作要从园区整体的角度处理好园区各企业之间的相互关系，采用一体化的思想，解决园区各企业共性的安全问题以及园区企业单独无法解决的安全问题，而化工园区安全保障体系的构建也是基于这种思想。本研究采用分层理念构建的化工园区安全保障体系结构见图7-3，包括本质安全策略、风险控制策略以及制度与文化策略3个层次。

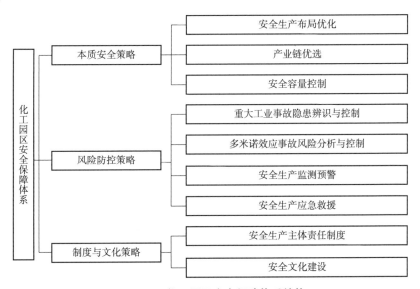

图7-3　化工园区安全保障体系结构

7.2.2　本质安全策略

本质安全是从根本原因上预先考虑过程和设备的潜在危险，以免在设计过程中造成危害，主要思想是通过流程和设备本身的设计来消除或减少系统中的危害，而传统方法注重生产过程中已经发生的风险危害的管理。

本质安全策略是指为了消除或减少危险源的存在而采取的技术措施，一般是在化工园区建设阶段或园区引进新企业时使用的技术方法，是预防事故发生的最根本、最有效策略。其重要性体现在两个方面，首先，本质安全化设计策略应用是推动过程安全化开展的重要举措。只有通过本质安全化设计策略的应用，才能够对现有的技术水平以及设备情况进行全面的分析与思考，制定科学化、安全化的生产方案，保证生产安全。其次，本质安全化设计策略应用是生产人员生命财产安全的重要保障。安全事故发生会给相关工作人员的生命财产安全带来巨大的威胁，而通过本质安全化设计策略的落实与应用，就能够基于本质安全化角度对生产过程进行全面分析，进而大幅提升安全性，避免安全事故的发生。

1. 本质安全的基本原理

（1）最小化，即减少系统中的有害物质数量；

（2）替代，即使用安全性或危险性较小的物质或过程代替危险物质或过程；

（3）缓和，即采用危害最小的有害物质形式或危害最小的工艺条件；

（4）简化，简化设计和操作过程，减少安全保护装置的使用，从而减少人为失误的机会。简单的操作过程、设备和系统通常本质上更安全，因为简单的操作过程和设备包含较少的零件，可以减少错误。

在实际应用中，本质安全原则具有一定的顺序，最小化、替代、缓和、简化的原则应按顺序选择，当前者无法实现时应选择后者。本质安全基本原理通常应综合考虑、同时使用。

2. 化工园区安全生产布局优化

化工园区安全生产布局优化是个复杂的多目标、多约束决策问题。本研究在分析化工园区布局优化综合目标的基础上，结合重大危险源的层级隶属结构，遵循"层内动态循环，层级逐级优化"的原则，提出了化工园区层级布局优化的理论模型，见图7-4。模型将布局问题层层展开，逐级进行优化。首先，每层都按照一定的原则确定优化模型；然后通过求解，确定优化目标；最后，依据布局标准调整布局。根据该模型，分别具体研究了化工园区功能区、消防系统以及交通运输系统的布局优化问题。

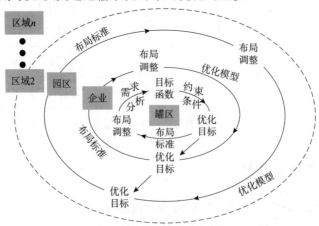

图7-4 化工园区层级布局优化理论模型

3. 化工园区产业链优选

化工园区产业链为一定区域内，化工及其相关行业的各企业之间，以化工工艺技术、化工装备以及化工产品为依托，在技术、产品与资本等方面形成的上—中—下游之间相互依赖的链条关系。风险、生态、效益是评价化工园区产业链优劣性的 3 个重要指标，据此，构建以化工园区产业链风险、产业链生态性以及产业链效益为目标的多目标综合决策模型，即

$$\max\left[f_1, f_2, \cdots, f_i, \cdots, f_n\right]$$
$$f_i = f_i(R, E, B_1, B_2)$$
$$s.t. \begin{cases} R = \dfrac{1}{S}\sum_{j=1}^{Q_o} R_j \\ E = \dfrac{E_x S}{W_z E_z + W_f E_f} \\ B_1 = \dfrac{B_c - B_r}{S} \\ R \leqslant \overline{R}, E \geqslant \overline{E}, B_1 \geqslant \overline{B}_1, B_2 \geqslant \overline{B}_2 \\ 符合园区产业发展规划 \end{cases} \quad (7-2)$$

式中，R、E、B_1 和 B_2 分别表示 1 个产业链方案的潜在风险、生态性、经济效益和社会效益取值，各目标的取值都应在限定值以下或以上；$f_i(R, E, B_1, B_2)$ 表示第 i 个产业链方案的目标函数；n 表示产业链数目；S 表示产业链占地面积；R_j 表示产业链上第 j 种危险物质的风险；Q_o 表示产业链上危险物质的种类；E_z、E_f 和 E_x 分别表示产业链生态性的主控因素、副控因素和修正因素；W_z 和 W_f 分别表示主控因素和副控因素的权重；B_c 和 B_r 分别表示产业链总产出和总投入；$\overline{R}$、$\overline{E}$、$\overline{B}_1$ 和 $\overline{B}_2$ 分别表示 n 个产业链方案的平均潜在风险、生态性、经济效益和社会效益取值。

模型中，产业链风险是危险物质在生产、储存和运输 3 个流通阶段危险度的叠加，危险物质易发性、危险物质数量、设备易发性修正系数和工艺易发性修正系数是计算模型的主要参数；产业链生态性计算模型的主要参数包括主控因素（废气、废水、废渣等排放物生态性的总体情况）、副控因素（产业链生产原料与产品生态性的总体情况）和修正因素（产业链生产过程对园区生态性的积极与消极作用）；产业链效益体现在经济效益和社会效益 2 个方面，经济效益是总投入与总产出的差额；社会效益是 1 个因园而异的定性指标。

4. 化工园区安全容量控制

化工园区安全容量是指根据入园企业的性质，综合分析园区企业的各种危险品固有属性、危险品运输特点以及园区风险管理现状，评估园区在最大固有风险容量和最大运输风险容量容许值下，园区企业危险品的最大安全库存量和最大安全运输量，并根据园区危险品最大安全库存量和最大安全运输量综合决定的化工园区所能承载的合理危险品总量。其中，安全库存量是指在不引起风险超标的情况下，园区所有企业所能容纳的危险品总量；安全运输量是指给定时间段内，运输风险不超标的情况下所能运输的危险品总量。

根据上述定义，构建了化工园区安全容量分析模型，即

$$(C_1 \cdot \overline{R}_1 + C_2 \cdot \overline{R}_2 + C_3 \cdot \overline{R}_3) \leqslant R_{\text{av上限}} \qquad (7-3)$$

式中，C_1、C_2、C_3分别表示化工园区爆炸、易燃、有毒危险品的安全运输量；$\overline{R}_1$、$\overline{R}_2$、$\overline{R}_3$分别表示 1t 当量爆炸、易燃、有毒危险品造成的人员平均风险值；$R_{\text{av上限}}$表示人员平均风险值的上限值，一般取 $10^{-6} \sim 10^{-4}$。

把计算得到的爆炸、易燃、有毒危险品安全运输量分别代入式(7-3)，得到以下 3 种结果。

满足小于号，说明园区可以接受现有安全运输量，还存在接受更多危险品的空间，园区现状安全容量由安全运输量决定，未来园区安全容量可以通过运输网络规划得到扩大。

满足等于号，说明园区恰好可以接受安全运输量，园区内部规划和运输网络规划比较合理，未来园区安全容量扩大要通过控制运输风险与园区风险 2 方面才能实现。

大于风险上限值，说明园区不能接受安全运输量，必须对运输量进行调整，直到尽量满足等式关系时，该运输量才是化工园区的安全容量。此时，园区安全库存量是园区安全容量的决定因素，即安全容量取园区各类危险品库存量之和，未来园区要扩大安全容量应该首先考虑园区内部的风险控制。

7.2.3 风险控制策略

风险控制策略是指为了降低事故发生的可能性或减弱事故后果影响的严重程度而采取的一系列控制技术措施，主要是通过持续改进与不断完善的原则来提高化工园区安全生产工作的水平。

1. 化工园区重大工业事故隐患辨识与控制

事故隐患是指针对危险源的防范措施(包括物质性控制措施、人的不安全行为的控制措施和安全管理措施)所表现出的缺陷。形成重大危险源的充分条件是存在一定量的、可能失控的能量或有害物质，它们具有明显的静态特征，直接决定事故后果的严重程度。重大工业事故隐患则是指针对重大危险源所采取的控制措施是否存在缺陷，是否能有效控制危险源的释放，如果不能，即构成重大工业事故隐患。根据对重大工业事故隐患研究对象和包含要素的分析，可以看出重大工业事故隐患辨识的本质是分析重大危险源固有的导致事故发生的危险因素，同时针对这些危险因素采取了哪些方面的约束和控制措施。针对化工园区从单元到区域的重大工业事故隐患辨识流程如图 7-5 所示。

2. 化工园区多米诺效应事故风险分析与控制

多米诺效应事故由于其连锁事故效应，容易造成灾难性的事故后果，一直以来都是化工园区安全管理的主要内容。化工园区多米诺效应事故包括 4 个要素：

(1)主事故单元发生，这是触发多米诺效应事故的首要条件；

(2)主事故扩展参数的传播效应，包括二次事故单元对三次事故单元的扩展作用；

(3)至少有 1 个二次事故发生；

(4)扩展作用导致比单一事故发生时更为严重的后果。

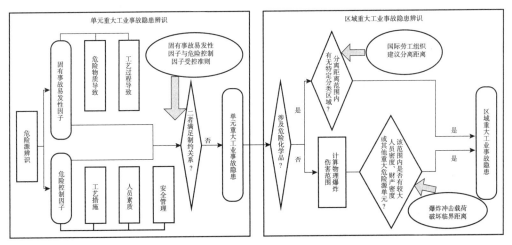

图7-5 重大工业事故隐患辨识流程

多米诺效应扩展形成的风险与单一危险源形成的风险的差异主要是通过多米诺效应影响概率来体现的。事故扩展参数主要包括热辐射、爆炸冲击波超压和爆炸碎片。图7-6是化工园区多米诺效应事故风险分布分析的流程。

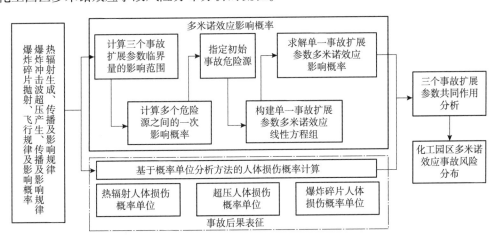

图7-6 化工园区多米诺效应事故风险分布分析流程

为了降低化工园区多米诺效应事故的风险，提出了化工园区多米诺效应离散孤岛模型的概念，并对模型算法进行了深入研究。图7-7是化工园区多米诺效应离散孤岛概念模型的示意图，其中MHI表示重大危险源。图7-7(a)表示7个危险源单元发生事故后形成的多米诺效应扩展网络，所有危险源相互联系加上各自的影响范围能够在空间分布上勾勒出1个岛屿形状。图7-7(b)表示干预危险源单元MHI4的影响范围后形成的新的事故扩展网络，整个大的事故扩展岛屿被离散为3个相对独立的孤岛，事故的扩展仅发生在离散后生成的孤岛内。通过这样的离散处理可以显著降低事故扩展规模，达到降低化工园区多米诺效应事故风险的目的。

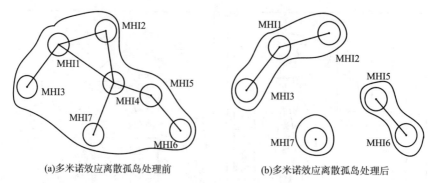

(a)多米诺效应离散孤岛处理前　　　　　(b)多米诺效应离散孤岛处理后

图7-7　化工园区多米诺效应离散孤岛概念模型示意图

3. 化工园区安全生产预警

化工园区安全生产预警管理是指对化工园区安全生产现状和未来的定性与定量分析，逻辑上包括明确警义、寻找警源、分析警兆、预报警度等阶段。明确警义是化工园区监测预警研究的基础，寻找警源、分析警兆是对化工园区安全生产现状的定性与定量分析，预报警度是化工园区安全生产预警的目标所在。本研究根据化工园区安全生产预警体系的设计目标和设计思路，借鉴生物免疫防御机制的原理，设计了1个化工园区安全生产事故免疫预警系统模型，见图7-8。

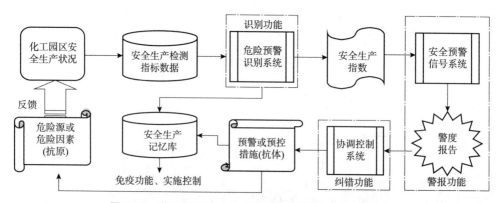

图7-8　化工园区安全生产事故免疫预警系统功能结构

对一个确定时空尺度的复杂化工园区，在自然或人为因素的影响下，其结构和功能随时都在发生着变化。通过日常监测系统获得原始的化工园区安全生产特征数据资料，处理后输入到诊断识别子系统，判别其安全生产的"特征指数"和"综合指数"，再输入到预警信号子系统报告警度级别，最后进入到协调控制子系统，根据警源的不同选取合适的措施排除警情或预先阻止警情的发生。实施控制后，及时反馈以检验措施实施的效果，正确有效的对策则存入记忆库，以备今后查询调用。子系统之间的联合作用可以保障化工园区处于稳定、正常的功能状态，整个过程与生物免疫系统的识别抗原→产生抗体→结合抗原消除病毒的过程非常相似。

4. 化工园区安全生产应急救援

安全生产应急救援作为化工园区安全管理的一个重要组成部分，贯穿于化工园区的整个生命周期。安全生产应急救援包括非事故状态下应急救援系统的维持与事故状态下应急救援系统的反应。一方面在非事故状态下对园区各种应急救援要素、危险因素进行管理；另一方面，在事故状态下对园区事故进行抢险、恢复等。本研究借鉴生物免疫原理中 B 细胞发育成熟度的概念，使用"安全生产应急成熟度"来衡量 1 个化工园区安全生产应急救援的能力，表 7－5 是构建的化工园区安全生产应急救援成熟度指标体系。

表 7－5 化工园区安全生产应急救援成熟度指标体系

目标层	准则层	要素层	指标层
化工园区安全生产应急成熟度 A	非事故状态下应急管理系统的维持 A_1	应急资源管理 A_{11}	应急物资储备 A_{111}
			应急装备准备 A_{112}
			应急避难场所 A_{113}
		应急人员与队伍 A_{12}	应急队伍素质 A_{121}
			园区人员培训 A_{122}
			园区危险源管理 A_{123}
		应急机构与预案 A_{13}	应急演练 A_{131}
			应急预案 A_{132}
			应急管理机构 A_{133}
			应急管理规章制度 A_{134}
			应急管理经费保障 A_{135}
	事故状态下应急管理系统的反应 A_2	监控预警功能 A_{21}	危险监测监控 A_{211}
			预警信息分析 A_{212}
		应急处置功能 A_{22}	应急决策 A_{221}
			应急指挥协调 A_{222}
			事故通报 A_{223}
			紧急疏散 A_{224}
			应急抢险 A_{225}
			环境监测 A_{226}
			医疗救护 A_{227}
			治安交通管理 A_{228}
			应急技术支持 A_{229}
			园区外部联动 A_{2210}
		应急恢复功能 A_{23}	园区恢复建设 A_{231}
			事故调查总结 A_{232}
			事故善后处理 A_{233}
			应急预案修订 A_{234}
			应急资源补充 A_{235}

7.2.4 制度与文化策略

制度与文化策略是指通过完善与改进安全制度建设与安全文化建设，营造化工园区良好的安全氛围，保障园区的正常安全生产工作。

1. 化工园区安全生产主体责任制度

为加强安全生产工作，防止和减少生产安全事故，保障人民群众生命和财产安全，促进经济社会持续健康发展，我国于 2002 年公布实施了《中华人民共和国安全生产法》，2021 年 6 月 10 日，全国人大常委会表决通过了关于修改《中华人民共和国安全生产法》的决定。此次修订表示要进一步强化和落实企业的主体责任。安全生产主体责任体系是一个非常复杂的系统，涉及到社会的方方面面，核心主体是政府和企业，其中政府是安全生产工作的监管主体，企业是安全生产工作的责任主体。一是确保企业安全生产责任制落实到位，规定生产经营单位加大投入保障力度，改善安全生产条件，加强安全生产标准化、信息化建设。明确生产经营单位的主要负责人是本单位安全生产第一责任人，其他负责人对职责范围内的安全生产工作负责。二是强化预防措施，规定生产经营单位应当建立安全风险分级管控制度，按安全风险不同级别采取相应管控措施。三是加大对从业人员心理疏导、精神慰藉等人文关怀和保护力度，防范行为异常导致事故发生。四是发挥市场机制的推动作用，要求属于国家规定的高危行业、领域的生产经营单位应当投保安全生产责任保险。

实行安全生产主体责任绩效评估是贯彻落实主体责任制度的有效方法，通过系统分析构建了 1 个企业安全生产主体责任绩效评估指标体系，包括 7 个 1 级指标、47 个 2 级指标和 170 个 3 级指标，见表 7-6。

表 7-6 企业安全生产主体责任绩效评估指标体系

1 级指标	2 级指标
依法经营	生产经营证件
组织机构与人员配置	安全生产管理机构
	安全生产人员配置
	安全生产管理网络
	应急管理体系
	工会或员工代表监督
安全教育培训	安全教育培训制度
	"三级"教育
	特种作业人员培训
	安全管理人员培训
	"四新"安全教育
	规章制度执行督促教育
	安全生产活动
	其他形式安全教育

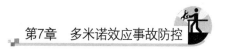

续表

1 级指标	2 级指标
员工权益维护	工伤保险
	劳动合同
	劳动防护用品管理
	告知作业场所危险危害因素
	职业病防治管理
	职业健康监护管理
规章制度管理	安全生产责任制
	安全生产检查制度
	安全生产工作例会制度
	岗位安全生产职责与操作规程
	安全生产投入保障制度
	特种设备管理制度
	危险化学品管理制度
	租赁安全协议
	供用电安全管理制度
	责任奖惩制度
	其他保障制度
作业场所管理	重大危险源管理
	职业卫生管理
	消防安全管理
	安全防护设置
	建设项目管理
	施工现场管理
	防火和临时动火管理
	危险化学品现场管理
	设备安全管理
	特种设备及其操作人员安全管理
事故管理	事故隐患管理
	事故预防与应急准备
	事故监测、预警
	事故现场应急救援
	事故调查、处理
	事故控制指标

化工园区是多个石化、化工企业在空间上的集聚，其主体责任与一般的企业安全生产主体责任有所不同，需要在企业安全生产主体责任体系的基础上，通过综合分析重新构建适合于化工园区的安全生产主体责任绩效评估指标体系，重点关注化工园区各企业之间的相互影响以及化工园区的一体化安全管理。

2. 化工园区安全文化建设

安全文化的作用是通过对人的观念、道德、伦理、态度、情感、品行等深层次的人文因素的强化，采用领导、教育、宣传、奖惩、创建群体氛围等手段，不断提高人的安全素质，改进其安全意识和行为，从而使人们从被动地服从安全管理制度转变为自觉主动地按安全要求采取行动。化工园区在安全文化建设过程中应充分考虑园区的功能定位、管理模式等园区层面的要素，同时还要综合考虑园区各企业自身的安全文化建设以及企业之间安全文化的差异，最终引导实现化工园区一体化的安全文化建设。图 7－9 表示化工园区安全文化建设的推进过程。

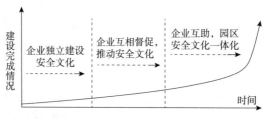

图 7－9　化工园区安全文化建设

化工园区安全文化建设应该由园区管理者主导，首先推进园区企业独立的安全文化建设，然后结合园区自身特色，并从园区各企业安全文化建设中汲取营养，建设园区一体化的安全文化。这种建设思路可以充分利用企业已有资源，并达到包容企业之间安全文化差异的目的。

7.3　多米诺效应防控管理体系

7.3.1　管理与决策技术研究

各种多米诺效应事故的预防与控制技术可以按照图 7－10 的程序进行具体的应用实现。

如图 7－10 所示，各种多米诺效应事故预防与控制技术的应用前提是，对布局区域内的危险源进行详细的多米诺效应事故定性与定量分析，明确哪些单元可能发生基本事故类型，哪些单元可能发生扩展事故类型。可能需要构建一些特殊的分析指数或分析模型，以辅助具体的分析过程，控制的指标可以是社会风险、个人风险或结构破坏失效的严重程度，但是需要明确，当进行技术应用效果评价时，其指标选取一定要与开始时进行的定性与定量分析一致。在众多的技术方法中，本质安全的方法是首选，例如替换成危险性较低的物质或工艺，减少危险物质储量等，但是，当这些方法由于各种限制条件不能很好地应用时，可以选择物理效应限制的方法，增大安全距离，优化布局。前两种方法多在设计阶段应用与实现，在运营阶段，由于工艺和布局很难改变，因此，唯一可行的方法就是增加保护层，包括针对基本事故单元的保护层技术和针对目标单元的保护层技术。针对基本事故单元，核心目标是降低初始事故的发生频率和事故后果影响；针对目标单元，核心目标是提高单元抵抗外部破坏参数的能力。最后，还要对采用的各种技术方法进行应用效果评价，分析其是否达到预定的控制目标。另外，各种预防与控制技术的应用，可能还会产生某些其他方面的负面影响，例如，防火隔热保护层对腐蚀过程的强化作用，并且技术成本也是需要考虑的一个问题，所以，图 7 – 10 仅是提供了一个技术方法的选择程序过程，在具体应用时，需要对每一项预防与控制多米诺效应事故的技术方法进行科学合理的评估。

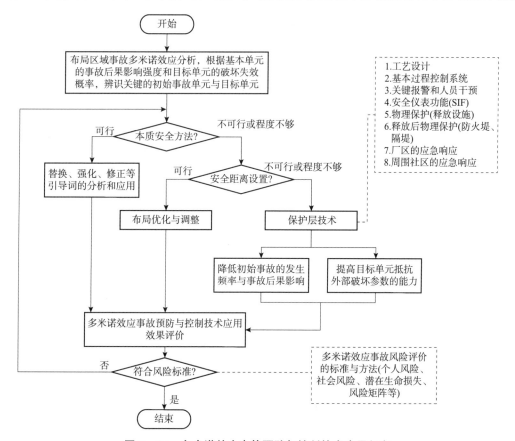

图 7 – 10　多米诺效应事故预防与控制技术应用程序

从多米诺效应防控出发，我国 GB 50074—2014《石油库设计规范》将石油库依据计算总容量分为特级石油库、一级石油库、二级石油库、三级石油库、四级石油库和五级石油库共六种；依据储存的液化烃、易燃和可燃液体对石油库火灾危险性进行分类，包括甲A、甲B、乙A、乙B、丙A、丙B 共六种；建(构)筑物构件的燃烧性能和耐火极限应符合现行国家标准 GB 50016—2014(2018 年版)《建筑设计防火规范》的有关规定。《石油库设计规范》中对石油库库址作出规定，石油库的库址选择应根据建设规模、地域环境、油库各区的功能及作业性质、重要程度，以及可能与邻近建(构)筑物、设施之间的相互影响等，综合考虑库址的具体位置，并应符合城镇规划、环境保护、防火安全和职业卫生的要求，且交通运输应当方便。该规范还对储罐类型、装卸设施和管道设施等进行规定。我国的 GB 50160—2008(2018 年版)《石油化工企业设计防火标准》，将可燃气体依据与空气混合的爆炸下限分为甲、乙两类，同时对石油化工企业的区域规划与工厂总平面布置、工艺安全和系统单元、储运设施管道布置和消防电气进行了规定。我国于 2019 年发布的《化工园区安全风险排查治理导则(试行)》是依据《中华人民共和国安全生产法》《危险化学品安全管理条例》等有关法律法规和标准规范编制，目的是为全面排查化工园区安全风险，规范化工园区建设和安全管理，系统提升化工园区本质安全水平，也体现了多米诺效应防控的思想。

在事故预防与控制领域，技术仅仅是一个方面，合理的管理措施与方法往往可以达到事半功倍的效果，多米诺效应事故的预防与控制也不例外，并且定性与定量风险评价本身也是一种分级管理与针对性管理的思想。在预防与控制多米诺效应事故的管理方法与策略研究方面，比利时学者 Genserik Reniers 作了很多突出的贡献。

2005 年，Genserik Reniers 等人定义了一个外部多米诺效应事故的概念，用于说明多米诺效应事故的发生是否涉及不同的企业，并针对外部多米诺效应事故的预防，基于已有的各种风险分析工具，提出了一个新的事故预防框架 Hazwim。首先，研究人员调查了比利时安特卫普港的 24 家化工企业各自使用的风险分析工具与方法，得出如下结论：

(1)每家企业对装置单元进行风险分析的频率是比较接近的，二、三流公司与一流公司进行风险分析的频率均是以年为单位的，然而大部分的一流公司每 5 年就要对装置进行重新评估。由于分析频率比较一致，因此，从风险分析绩效的角度看，相邻的企业之间可以相互合作同时进行风险分析，以更好地发现安全问题，制定合理的预防与控制措施，尤其是企业之间多米诺效应事故的预防与控制。

(2)使用的风险分析工具是多样化的，主要包括两个大类：①工艺安全，主要包括 HAZOP、What if analysis 和 FTA 三种工具；②运营安全，主要包括安全检查表与安全审计两种工具。同时研究还指出，不同风险分析工具的组合应用往往是非常有效的。

(3)二、三流公司与一流公司对外部多米诺效应事故的风险分析是有很大差别的，大部分的二、三流公司都不会主动地合作进行外部多米诺效应事故的风险分析。

(4)HAZOP 工具与 What if analysis 工具的组合应用可以比较全面地发现潜在的安全问题以及对应的事故后果影响，再加上风险矩阵的应用，就可以对外部多米诺效应事故风险进行科学的评估。

其次，研究人员扩展了 HAZOP 引导词，以适应多米诺效应事故的危险源辨识，主要包括三个引导词：冲击波超压破坏？热辐射破坏？碎片破坏？最后，通过综合分析已有的各种风险分析工具是否适用于多米诺效应事故的风险分析，得到了预防外部多米诺效应事故的风险分析框架。2007 年，Genserik Reniers & Wout Dullaert 又从工业区域多米诺效应事故扩展序列优先级的角度开发了一个多米诺效应事故预防与控制的决策支持软件 DomPrev-

Planning。2008 年，Genserik Reniers & Wout Dullaert 将开发的 DomPrevPlanning 软件实际应用于比利时安特卫普港化工集聚区，分析结果证明了软件的有效性，可以帮助企业更好地预防多米诺效应事故的发生。同年，Genserik Reniers 等人从安全防卫（Security）的角度研究分析了复杂工业区域有预谋的多米诺效应事故的概念模型与分析方法。2009 年，Genserik Reniers 等人，根据经济领域的博弈论模型，研究分析了多个企业之间对外部多米诺效应事故预防与控制进行投资决策的博弈过程，可以为企业之间具体的事故预防投资决定提供指导意见。另外，2011 年，中国学者张新梅等人针对化工园区多米诺效应事故的预防与控制提出了一个离散孤岛模型。只要切断网络中连接数最对的单元，就可以将整个网络划分为几个独立的网络，多米诺效应事故的影响也会局限在某些特定的区域，而不会产生大面积影响。

风险管理与决策技术的基础依然是风险分析与评价，因此，风险分析与评价技术的不断发展与完善，会促进风险管理与决策过程的精确性，同时新的软件支持工具与理论模型的开发也会提高风险管理与决策过程的有效性。

7.3.2　重构事故防控体系

对多米诺事故进行防控的两个重要体系是监控管理体系和应急救援体系，这两个体系又分为政府层面和企业层面，两个层面独立运行又相互联系。监控管理体系和应急救援体系的几个关键要素如下：

（1）政府层面的分级监控管理，首要任务要做好化工企业的选址和规划。不同级别的重大危险源，分区域集中布置，有利于有效管理。重大危险源之间的防火间距对重大危险源级别影响不明显，因此可在满足规范要求防火间距的基础上，因地制宜，充分考虑经济、发展等因素进行合理规划。

（2）政府层面的分级监控管理，还要有针对性地制定分级管理要求。由上述分析可知，级别较高的重大危险源危险程度也较高，是由其危险化学品的危险性较大和危险化学品在线量较大所决定的。因此，对重大危险源的分级管理，可从监控危险化学品的危险性和在线量着手，达到预防重大事故的目的。

（3）政府层面的分级监控管理，还要组织力量制定有关多米诺事故防控的法规、技术标准等，指导基层监管部门和企业自身对多米诺事故的防范和控制，同时也能实现统一管理和标准化管理。

（4）企业层面的分级控制管理，首先要在设计源头加以控制。危险化学品临界量与其本身危险性有关，即危险性较大的危险化学品临界量较小，危险性较小的危险化学品临界量较大。因此，从设计的角度，在工艺允许的前提下，选择危险性较小的危险化学品代替危险性较大的危险化学品，可有效预防重大事故的发生。同时，危险化学品的在线量的控制也能降低重大危险源的危险程度，从而有效控制重大事故的影响。

（5）对于无法采用危险性较小的危险化学品代替危险性较大的危险化学品，以及无法降低危险化学品在线量的生产工艺，应采用必要的补偿措施，利用合理的安全技术和安全管理手段，降低重大危险源的危险程度。补偿措施应根据生产工艺的要求设置，可包括消防措施、监控设施、报警联锁设施等，还包括安全培训、管理制度等措施。

（6）企业的生产离不开人员的操作，即使在高度自动化的工厂也需要人为控制。因此，企业人员的管理在安全生产中起到十分重要的作用。加强对人员的培训，提高人员的安全生产意识和业务素质，同时，通过完善安全管理制度，规范人员的行为，可有效预防多米诺事故的发生。

（7）政府层面的应急救援体系有两个关键要素，其中一个关键要素是政府各部门应急预案，除了安全监管部门外，其他行业主管部门，如港口部门、燃气管理部门、交通部门等均应制定相应的应急预案；另一个关键要素是组织社会应急力量，在化工园区发生多米诺事故时，可及时、有效地调用社会应急力量，有利于控制多米诺事故的影响。

（8）企业层面的应急救援体系也有两个关键要素，其中一个关键要素是企业应急预案，可根据企业自身要求将应急预案分为综合预案、专项预案和现场处置方案等。简洁扼要，实用性和操作性强的应急预案是企业控制重大事故影响、降低企业损失最有效的手段之一；根据企业自身情况建设、健全应急力量，不仅在企业自身发生多米诺事故时发挥重要作用，也可在化工园区其他工厂发生事故时，根据政府部门的调度起到支援应急救援的作用，从而也可避免由于其他工厂发生重大事故而影响至本企业。

附录 I 基础模型和数据

(1)火灾经验模型，见附表 I-1：

附表 I-1 火灾经验模型

类型	参数	经验公式		编号
池火	火焰高度 H_{pf}/m	$\dfrac{H_{pf}}{D_{pf}}=42\left(\dfrac{m_B}{\rho_a\sqrt{gD_{pf}}}\right)^{0.61}$		(I-1)
池火	远距离热辐射强度 $q_{pf}(x_{pf})/(W/m^2)$	固体火焰模型	$q_{pf}(x_{pf})=E_{pf}F_{sv}\tau_a$	(I-2)
垂直喷射火	火焰高度 H_{vjf}/m	$\dfrac{H_{vjf}}{D_C}=\dfrac{15}{F_g}\sqrt{\dfrac{M_a}{M_g}}$		(I-3)
垂直喷射火	远距离热辐射强度 $q_{vjf}(x_{vjf})/(W/m^2)$	点源模型	$q_{vjf}(x_{vjf})=\dfrac{F_r\dot{m}_C\Delta H_c\tau_a}{4\pi\,x_{vjf}^2}$	(I-4)
水平喷射火	火焰长度 L_{hjf}/m	$L_{hjf}=\dfrac{(\dot{m}_C\Delta H_c)^{0.444}}{161.66}$		(I-5)
水平喷射火	远距离热辐射强度 $q_{hjf}(x_{hjf})/(W/m^2)$	点源模型	$q_{hjf}(x_{hjf})=\dfrac{F_r\dot{m}_C\Delta H_c\tau_a}{4\pi\,x_{hjf}^2}$	(I-6)

注：D_{pf}，池火液池直径，m；m_B，可燃液体燃烧速率，kg/(m²·s)；ρ_a，空气密度，1.2kg/m³；g，重力加速度，9.8m/s²；x_{pf}，远处一点与柱形池火火焰外表面垂直距离，m；E_{pf}，柱形池火火焰外表面热辐射强度，W/m²；F_{sv}，固体火焰模型视角系数；τ_a，空气透射率；D_C，喷嘴或泄漏口孔径，m；F_g，燃烧反应中可燃气体摩尔系数；M_a，空气摩尔质量，29g/mol；M_g，可燃气体摩尔质量，g/mol；x_{vjf}，远处一点与垂直锥形喷射火焰中心点距离，m；F_r，热辐射系数；$\dot{m}_C$，可燃气体释放或泄漏质量流，kg/s；ΔH_c，燃烧热，J/kg；x_{hjf}，远处一点与泄漏口到水平锥形喷射火焰4/5 长度中点距离，m。

E_{pf} 计算关系式如下：

$$E_{pf}=\begin{cases}(1-F_s)F_r m_B\dfrac{\Delta H_c}{1+4H_{pf}/D_{pf}}+F_s\times20\times10^3, & \text{LNG，LPG}\\[2ex] \left[140\times e^{-0.12D_{pf}}+20\times(1-e^{-0.12D_{pf}})\right]\times10^3, & \text{油品}\end{cases} \quad\text{(I-7)}$$

式中，F_s 为烟气影响系数。

F_{sv} 计算关系式如下：

$$\begin{cases} F_{sv} = (F_h^2 + F_v^2)^{0.5} \\[2mm] F_h = \dfrac{1}{\pi}\left(\arctan\sqrt{\dfrac{x_r+1}{x_r-1}} - \dfrac{x_r^2-1+h_r^2}{\sqrt{A_r B_r}}\arctan\sqrt{\dfrac{x_r-1}{x_r+1}\times\dfrac{A_r}{B_r}} \right) \\[3mm] F_v = \dfrac{1}{\pi}\left[\dfrac{1}{x_r}\arctan\dfrac{h_r}{\sqrt{x_r^2-1}} + \dfrac{h_r(A_r-2x_r)}{x_r\sqrt{A_r B_r}}\arctan\sqrt{\dfrac{x_r-1}{x_r+1}\times\dfrac{A_r}{B_r}} - \dfrac{h_r}{x_r}\arctan\sqrt{\dfrac{x_r-1}{x_r+1}} \right] \\[3mm] h_r = 2H_{pf}/D_{pf}, \quad x_r = (2x_{pf}+D_{pf})/D_{pf} \\[2mm] A_r = (x_r+1)^2 + h_r^2, \quad B_r = (x_r-1)^2 + h_r^2 \end{cases}$$

$$(\text{I}-8)$$

τ_a 计算关系式如下：

$$\begin{cases} \tau_a = 2.02\,(p_{aw}x)^{-0.09} \\[2mm] p_{aw} = 101325 H_{ra}e^{14.4114 - \frac{5328}{T_a}} \end{cases}$$

$$(\text{I}-9)$$

式中，x 与 x_{pf}、x_{vjf}、x_{hjf} 对应；p_{aw} 为水蒸气分压，N/m^2；H_{ra} 为空气相对湿度；T_a 为环境温度，K。

$\dot m_C$ 计算参考表 3 – 1 安全阀泄压质量流。$m_B(D_{pf}>1)$、ΔH_c、F_r、F_s、M_g、F_g 取值见附表 I – 2。

附表 I – 2　可燃液体与气体常数取值

可燃液体与气体	$m_B/[kg/(m^2 \cdot s)]$	$\Delta H_c \times 10^{-6}/(J/kg)$	F_r	F_s	$M_g/(g/mol)$	F_g
LNG	0.078	55.46	0.2	0	16	0.0951
LPG	0.099	50.29	0.3	0.8	44	0.0403
汽油	0.055	—	—	—	—	—
煤油	0.039	—	—	—	—	—
原油	0.022 ~ 0.045	—	—	—	—	—

(2) 对流换热表面传热系数计算

表面传热系数 $h[W/(m^2 \cdot K)]$ 实验特征数关联式如下：

$$h = \frac{\lambda}{l}Nu \tag{I-10}$$

式中，λ 为流体导热系数，$W/(m \cdot K)$；l 为特征长度，m；Nu 为努赛尔数。

均匀壁温边界条件大空间自然对流时，

$$Nu = C\,(GrPr)^n = C\left(\frac{g\Delta T\,l^3}{T_m\nu^2}Pr \right)^n \tag{I-11}$$

式中，常数 C、n 由实验确定，见附表 I – 3；Gr，格拉晓夫数；Pr，普朗特数；ΔT，流体与壁面温差，K；T_m，特征温度，取流体与壁面温度均值，K；ν，流体运动黏度，m/s^2。

附表 I-3 C、n 取值

类型	l	C	n	适用范围
竖直平板与竖直圆柱壁面	壁面高度	0.59	1/4	$1.43 \times 10^4 \leqslant Gr < 3 \times 10^9$
		0.0292	0.39	$3 \times 10^9 \leqslant Gr < 2 \times 10^{10}$
		0.11	1/3	$Gr \geqslant 2 \times 10^{10}$
水平圆柱壁面	圆柱直径	0.48	1/4	$1.43 \times 10^4 \leqslant Gr < 5.76 \times 10^8$
		0.0165	0.42	$5.76 \times 10^8 \leqslant Gr < 4.65 \times 10^9$
		0.11	1/3	$Gr \geqslant 4.65 \times 10^9$
水平热面朝下	面积/周长	0.27	1/4	$10^5 \leqslant GrPr \leqslant 10^{10}$

水平喷射火射流冲击时，

$$\begin{cases} Nu = 2\,Re^{0.5}Pr^{0.42}(1+0.05\,Re^{0.55})^{0.5}\dfrac{1-1.1D_C/r_{hj}}{1+0.1(L_{hj}/D_C-6)D_C/r_{hj}} \\ 2\times10^3 \leqslant Re \leqslant 4\times10^5, \quad 2 \leqslant L_{hj}/D_C \leqslant 12, \quad 2.5 \leqslant r_{hj}/D_C \leqslant 7.5 \end{cases} \quad (\text{I}-12)$$

式中，Re 为雷诺数，$Re = \dfrac{uD_C}{\nu}$，u 为流体射流速度，m/s；r_{hj} 为水平射流冲击滞止区面积等效半径，m；L_{hj} 为泄漏口到滞止区距离，m；r_{hj} 为射流冲击特征长度，m。

（3）钢板物性数据

附表 I-4 钢板物性参数取值

密度 ρ_w/(kg/m³)	比热容 c_w/[J/(kg·K)]	泊松比 μ_w	表面吸收率 α_w	外表面发射率 ε_w	内表面发射率 ε_{iw}
7850	569.30	0.26	0.9	0.9	0.8

附表 I-5 钢板导热系数 λ_w 取值

温度/℃	100	200	300	400	500	600
λ_w/[W/(m·K)]	50.65	48.56	46.05	42.28	38.93	35.59

附表 I-6 钢板弹性模量 E_w 取值

温度/℃	-40	20	100	150	200	250	300	350	400	450	500
$E_w \times 10^{-3}$/MPa	205	201	197	194	191	188	183	178	170	160	149

附表 I-7 Q235B 许用应力 $[\sigma_w]$ 取值

厚度 h_w/m	R_m/MPa	R_{eL}/MPa	下列温度(℃)下 $[\sigma_w]$ 取值/MPa				
			20	100	150	200	250
$(3, 16] \times 10^{-3}$	370	225	150	136	132	127	122
$(16, 20] \times 10^{-3}$	370	215	143	130	126	122	116

附表 I-8　Q345R 许用应力 $[\sigma_w]$ 取值

厚度 h_w/m	R_m/MPa	R_{eL}/MPa	下列温度(℃)下 $[\sigma_w]$ 取值/MPa										
			≤20	100	150	200	250	300	350	400	425	450	475
$(3, 16] \times 10^{-3}$	510	345	189	189	189	183	167	153	143	125	93	66	43
$(16, 36] \times 10^{-3}$	500	325	185	185	183	170	157	143	133	125	93	66	43

附表 I-7、I-8 是钢板高温强度一种描述方法。Q235B 的 $[\sigma_w]$ 取值为设计温度下屈服强度 R_{eL}^T 的 2/3（即安全系数 n_s 取值 1.5），Q345R 的 $[\sigma_w]$ 取值为设计温度下抗拉强度 R_m^T 的 1/2.7（即安全系数 n_b 取值 2.7），因此，可通过乘以安全系数方法得到 Q235B 的 R_{eL}^T 取值与 Q345R 的 R_m^T 取值，若假设 $\dfrac{R_m^T}{R_{eL}^T} = \dfrac{R_m}{R_{eL}}$，则也可得到 Q235B 的 R_m^T 取值与 Q345R 的 R_{eL}^T 取值。

ECCS（欧洲钢结构协会）提出钢屈服强度随温度变化经验关系式如下：

$$\frac{R_{eL}^T}{R_{eL}} = \begin{cases} 1 + \dfrac{T}{767\ln(T/1750)}, & 0 \leq T \leq 600℃ \\ 108\,\dfrac{1 - T/1000}{T - 440}, & T > 600℃ \end{cases} \qquad (\text{I}-13)$$

AFFTAC 软件对碳钢使用高温强度计算方法如下：

$$R_m^T = F_T R_m \qquad (\text{I}-14)$$

式中，F_T 为抗拉强度高温修正系数，与兰氏温度 $T^R = (℃ + 273.15) \times 1.8$ 关系如下：

$$F_T = \begin{cases} 1 - 0.54\,(T^R/1000 - 0.46)^4, & T^R \leq 1260 \\ 1.74 - 1.17(T^R/1000 - 0.46), & 1260 < T^R \leq 1947 \\ 0, & T^R > 1947 \end{cases} \qquad (\text{I}-15)$$

附图 I-1 是 3～16mm 厚 Q235B 与 Q345R 抗拉强度 R_m^T 三种描述方法对比，可以明显地看出：GB 数据最保守，但提供数据点有限，需合理外延；AFFTAC 方法取值大于 GB 数据与 ECCS 方法；而 ECCS 方法取值与 GB 数据比较接近；主要采用 GB 数据，当超出范围时恒取末端值，AFFTAC 方法主要用于 BRL 实验分析。

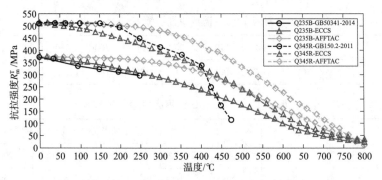

附图 I-1　钢板高温抗拉强度描述方法对比

（4）汽油、煤油、原油物性数据

油品定压比热容 c_{ρ_o}[J/(kg·K)]计算关系式如下：

$$c_{\rho_o}\times\frac{10^{-3}}{4.187}=\frac{0.415}{\sqrt{(\rho_o\times10^{-3})^{15}}}+0.0009(T-15) \quad (Ⅰ-16)$$

式中，ρ_o 为油品密度，kg/m³；T 为温度，℃。

ρ_o 计算关系式如下：

$$\frac{\rho_o}{16.02}=62.3636[\rho_{ro}^2-(1.2655\rho_{ro}-0.5098+8.011\,t_{me}^R\times10^{-5})(T^R-519.67)/t_{me}^R]^{0.5} \quad (Ⅰ-17)$$

式中，ρ_{ro} 为常温油品相对密度；$t_{me}^R={}^\circ F+459.67$，油品平均沸点，°R。

$t_{me}^F=℃\times1.8+32$，油品平均沸点，°F；与油品体积平均沸点 t_v^F 关系如下：

$$\begin{cases} t_{me}^F=t_v^F-\Delta \\ \ln\Delta=-0.94402-0.00865\,(t_v^F-32)^{0.6667}+2.99791\,k_{sl}^{0.333} \\ k_{sl}=(t_{90}^F-t_{10}^F)/80 \end{cases} \quad (Ⅰ-18)$$

式中，t_{90}^F、t_{10}^F 为体积馏出温度，°F。

ρ_{ro} 与摄氏温度表示的 t_v、t_{90}、t_{10} 取值见附表Ⅰ-9。

附表Ⅰ-9　ρ_{ro}、t_v、t_{90}、t_{10}取值

油品	沸程/℃	ρ_{ro}	t_v/℃	t_{90}/℃	t_{10}/℃
汽油	40~200	0.70~0.75	120	200	40
煤油	175~325	0.78~0.82	250	325	175
原油	渣油>600	0.87	320	600	40

（5）LNG、LPG 物性数据

附表Ⅰ-10　LNG、LPG 物性参数计算关系式

物性参数	计算关系式	编号
液相比热容 c_1/[J/(kg·K)]	$c_1=[C_1^2/t+C_2-2C_1C_3t-C_1C_4t^2-C_3^2t^3/3-C_3C_4t^4/2-C_4^2t^5/5]/M_g$	(Ⅰ-19)
液相密度 ρ_1/(kg/m³)	$\rho_1=C_1/C_2^{1+(1-T/C_3)^{C_4}}M_g$	(Ⅰ-20)
汽化潜热 ΔH_v/[J/kg]	$\Delta H_v=C_1(1-T_r)^{C_2+C_3T_r+C_4T_r^2}/M_g$	(Ⅰ-21)
蒸气相压力 p_v/kPa	$p_v=e^{C_1+C_2/T+C_3\ln T+C_4T^{C_5}}\times10^{-3}$	(Ⅰ-22)

物性参数	计算关系式	编号
蒸气相定压比热容 $c_{pv}/[J/(kg \cdot K)]$	$c_{pv} = \left\{ C_1 + C_2 \left[\dfrac{C_3/T}{\sinh(C_3/T)} \right]^2 + C_4 \left[\dfrac{C_5/T}{\cosh(C_5/T)} \right]^2 \right\} / M_g$	(I-23)
蒸气相绝热指数 γ_v	$\gamma_v = \dfrac{c_{pv}}{c_{pv} - R_m/M_g \times 10^3}$	(I-24)
蒸气相密度 $\rho_v/(kg/m^3)$	$\begin{cases} p_v = \dfrac{R_m/M_g T}{1/\rho_v - b} - \dfrac{a(T)}{1/\rho_v(1/\rho_v + b)} \\ b = 0.08664(R_m/M_g T_{cg})/p_{cg} \\ a(T) = 0.42748\,(R_m/M_g T_{cg})^2/p_{cg}[1 + r(1 - T_r^{0.5})]^2 \\ r = 0.48 + 1.574\,\omega_g - 0.176\,\omega_g^2 \end{cases}$	(I-25)
蒸气相导热系数 $\lambda_v/[W/(m \cdot K)]$	$\lambda_v = \dfrac{C_1 T^{C_2}}{1 + C_3/T + C_4/T^2}$	(I-26)
蒸气相动力黏度 $\mu_v/(Pa \cdot s)$	$\mu_v = \dfrac{C_1 T^{C_2}}{1 + C_3/T + C_4/T^2}$	(I-27)
蒸气相运动黏度 $\nu_v/(m/s^2)$	$\nu_v = \dfrac{\mu_v}{\rho_v}$	(I-28)
蒸气相普朗特数 Pr_v	$Pr_v = \dfrac{\nu_v}{\lambda_v/(\rho_v c_{pv})} = \dfrac{\mu_v c_{pv}}{\lambda_v}$	(I-29)
液相发射率ε_l, 蒸气相发射率ε_v	均取定值0.9	

注：$C_1 \sim C_5$，拟合关系式系数值，见附表 I-11；温度 T 单位为 K；$t = 1 - T_r$；$T_r = T/T_{cg}$；R_m，通用气体常数，8.314 J/(mol·K)；M_g、T_{cg}、p_{cg}、ω_g分别表示摩尔质量、临界温度、临界压力、偏心因子，取值见附表 I-2 与附表 I-12；式（ I-25）为 SRK 立方型状态方程，需数值求解。

附表 I-11　$C_1 \sim C_5$取值

参数	物质	C_1	C_2	C_3	C_4	C_5
c_l	LNG	65.708	38883	-257.95	614.07	—
	LPG	62.983	113630	633.21	-873.46	—
ρ_l	LNG	2.9214	0.28976	190.56	0.28881	
	LPG	1.3757	0.27453	369.83	0.29359	
ΔH_v	LNG	1.0194×10^7	0.26087	-0.14694	0.22154	
	LPG	2.9209×10^7	0.78237	-0.77319	0.39246	
p_v	LNG	39.205	-1324.4	-3.4366	3.1019×10^{-5}	2
	LPG	59.078	-3492.6	-6.0669	1.0919×10^{-5}	2
c_{pv}	LNG	0.33298×10^5	0.79933×10^5	2.0869×10^3	0.41602×10^5	991.96
	LPG	0.5192×10^5	1.9245×10^5	1.6265×10^3	1.168×10^5	723.6

续表

参数	物质	C_1	C_2	C_3	C_4	C_5
λ_v	LNG	8.3983×10^{-6}	1.4268	-49.654	—	—
	LPG	-1.12	0.10972	-9834.6	-7535800	—
μ_v	LNG	5.2546×10^{-7}	0.59006	105.67	—	—
	LPG	4.9054×10^{-8}	0.90125	—	—	—

附表 I-12 T_{cg}、p_{cg}、ω_g 取值

物质	T_{cg}/K	p_{cg}/kPa	ω_g
LNG	190.56	4599	0.0115
LPG	369.83	4248	0.1523

（6）空气物性数据

空气导热系数 λ_a、运动黏度 ν_a、普朗特数 Pr_a 线性插值，如附图 I-2 所示，空气发射率 ε_a 取值 0.9。

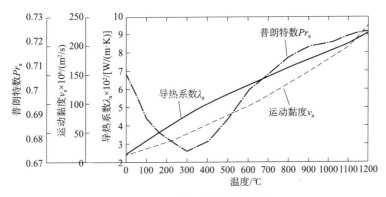

附图 I-2 高温空气物性数据

参考文献

[1] 张网，吕东，王婕．蒸气云爆炸后果预测模型的比较研究[J]．工业安全与环保，2010，36(4)：48-49.

[2] 孔德森，张伟伟，孟庆辉，等．TNT当量法估算地铁恐怖爆炸中的炸药当量[J]．地下空间与工程学报，2010，6(1)：197-200.

[3] 范俊余，方秦，张亚栋，等．岩石乳化炸药TNT当量系数的试验研究[J]．兵工学报，2011，11：1243-1249.

[4] 刘玲，袁俊明，刘玉存，等．自制炸药的冲击波超压测试及TNT当量估算[J]．火炸药学报，2015，2：50-53.

[5] 张守中．爆炸与冲击动力学[M]．北京：兵器工业出版社，1993.

[6] 吴宗之，高进东，张兴凯．危险评价方法及其应用[M]．北京：冶金工业出版社，2001.

[7] 曹凤霞．爆炸综合毁伤效应研究[D]．南京理工大学，2008.

[8] 温华兵，尹群，张健．水下爆炸压力时频分布的小波包分析[J]．江苏科技大学学报(自然科学版)，2008，22(5)：48-52.

[9] 温华兵，张健，尹群，等．水下爆炸船舱冲击响应时频特征的小波包分析[J]．工程力学，2008，25(6)：199-203.

[10] 孔霖，苏健军，李芝绒，等．几种不同爆炸冲击波作用的能量谱分析[J]．火炸药学报，2010，33(6)：76-79.

[11] 李丽萍，孔德仁，苏建军，等．基于能量谱的爆炸冲击波毁伤特性研究[J]．振动与冲击，2015，34(21)：71-75.

[12] 张新梅．化工园区事故多米诺效应风险仿真原理及应用研究[D]．华南理工大学，2009.

[13] 潘旭海，徐进，蒋军成．圆柱形薄壁储罐对爆炸冲击波动力学响应的模拟分析[J]．化工学报，2008，59(3)：796-801.

[14] 朱正洋．爆炸荷载作用下大型双曲线型壳体结构动力响应分析[D]．西安建筑科技大学，2011.

[15] 王春梅．LNG储罐在爆炸冲击荷载作用下的动力响应及可靠性分析[D]．天津大学，2013.

[16] 李波．爆炸荷载作用下大型立式圆柱形储油罐动力响应分析[D]．哈尔滨工业大学，2011.

[17] 路胜卓．可燃气体爆炸作用下大型钢制储油罐破坏机理研究[D]．哈尔滨工业大学，2012.

[18] 纪冲，龙源，方向，等．钢质圆柱壳在侧向局部冲击荷载下的变形及失效破坏[J]．振动与冲击，2013，32(15)：121-125.

[19] 贾梅生．过程设备火灾易损性理论与多米诺效应防控[D]．华南理工大学，2017.

[20] 贾梅生，陈国华，胡昆．化工园区多米诺事故风险评价与防控技术综述[J]．化工进展，2017，36(4)：1534-1543.

[21] 陈国华，祁帅，贾梅生，胡昆．化工容器碎片引发多米诺效应事故研究历程与展望[J]．化工进展，2017，36(11)：4308-4317.

[22] 陈国华，祁帅，胡昆．化工园区目标储罐受撞击荷载的易损性分析[J]．化工进展，2018，37(3)：1194-1200.

[23] 陈国华，邹梦婷．化工园区多灾种耦合关系模型及断链减灾模式[J]．化工进展，2018，37(8)：403-411.

[24] 周志航，陈国华．基于热源权重参数反演优化的新权重多点源热辐射模型[J]．天然气工业，2020，40(10)：139-147.

[25] 陈国华，张心语，周志航，曾涛．两池火耦合作用下柴油拱顶罐热响应的数值模拟[J]．化工进展，

2020，39（11）：4342 – 4350.

［26］周志航. 天然气输送管道喷射火危害特征及多米诺效应防控研究［D］. 华南理工大学，2019.

［27］胡昆，陈国华，周志航，黄孔星. 爆炸冲击波作用下化工设备易损性研究评述［J］. 化工进展，2019，38（04）：1634 – 1645.

［28］陈国华，周志航，黄庭枫. FLUENT 软件预测大尺寸喷射火特性的实用性［J］. 天然气工业，2014，34（08）：134 – 140.

［29］贾梅生，陈国华. 火灾环境液化石油气卧罐动态可靠性分析［J］. 化工进展，2017，36（09）：3231 – 3236.

［30］贾梅生，陈国华. 火灾环境液化石油气卧罐稳定性与静态可靠性分析［J］. 化工进展，2017，36（07）：2353 – 2359.

［31］陈国华，贾梅生，黄庭枫. 化工园区安全保障体系探究［J］. 安全与环境学报，2013，13（03）：207 – 212.

［32］Zhou Z，Chen G，Zhou C，et al. Experimental study on determination of flame height and lift – off distance of rectangular source fuel jet fires［J］. Applied Thermal Engineering，2019，152：430 – 436.

［33］Yang Y，Chen G，Chen P. The probability prediction method of domino effect triggered by lightning in chemical tank farm［J］. Process Safety and Environmental Protection，2018，116：106 – 114.

［34］Li X，Chen G，Huang K，Zeng T，Zhang X，Yang P，Xie M. Consequence modeling and domino effects analysis of synergistic effect for pool fires based on computational fluid dynamic［J］. Process Safety and Environmental Protection，2021，156：340 – 360.

［35］Huang K，Chen G，Khan F，et al. Dynamic analysis for fire – induced domino effects in chemical process industries［J］. Process Safety and Environmental Protection，2021，148：686 – 697.

［36］Zeng T，Chen G，Reniers G，et al. Methodology for quantitative risk analysis of domino effects triggered by flood［J］. Process safety and Environmental Protection，2021，147：866 – 877.

［37］The Health and Safety Commission（HSC）. The control of major hazards – First/second/third report［R］. London：1976/1979/1984.

［38］Kourniotis S P，KiranoudisI C T，MarkatosS NC. Statistical analysis of Domino chemical accidents［J］. Journal of Hazardous Materials，2000，71（1 – 3）：239 – 252.

［39］Ronza A，Félez S，Darbra R M，et al. Predicting the frequency of accidents in port areas by developing event trees from historical analysis［J］. Journal of Loss Prevention in the Process Industries，2003，16（6）：551 – 560.

［40］Darbra R，Palacios A，Casal J. Domino effect in chemical accidents：Main features and accident sequences［J］. Journal of Hazardous Materials，2010，183（2010）：565 – 573.

［41］Gómez – Mares M，Zárate L，Casal J. Jet fires and the domino effect［J］. Fire Safety Journal，2008，43（2008）：583 – 588.

［42］Abdolhamidzadeh B，Abbasi T，Rashtchian D，et al. Domino effect in process – industry accidents – An inventory of past events and identification of some patterns［J］. Journal of Loss Prevention in the Process Industries，2011，24（2011）：575 – 593.

［43］Chen Y T，Zhang M G，Guo P J，et al. Investigation and Analysis of Historical Domino Effects Statistic［J］. Procedia Engineering，2012，45（2）：152 – 158.

［44］Hemmatian B，Abdolhamidzadeh B，Darbra R M，et al. The significance of domino effect in chemical accidents［J］. Journal of Loss Prevention in the Process Industries，2014，29（1）：30 – 38.

［45］MHIDAS，Major Hazard Incident Data Service，2001. AEA Technology，Major Hazards Assessment Unit. Health and Safety Executive，London（UK）.

［46］Cozzani V，Tugnoli A，Salzano E. 2009. The development of an inherent safety approach to the prevention of domino accidents［J］. Accident Analysis and Prevention，2009，41（6）：1216 – 1227.

［47］Khan F I，Abbasi S A. Models for domino effect analysis in chemical process industries［J］. Process Safety

Progress, 1998, 17(2), 107 – 123.

[48] Rasmussen K. The experience with the major accident reporting system from 1984 to 1993[M]. Commission of the European Communities, 1996.

[49] MHIDAS, Major Hazard Incident Data Service [DB]. AES Health and Safety Executive, UK, 2001.

[50] Cozzani V, Gubinelli G, Salzano E. Escalation thresholds in the assessment of domino accidental events[J]. Journal of Hazardous Materials, 2005, 129(1): 1 – 21.

[51] Stawczyk J. Experimental evaluation of LPG tank explosion hazards[J]. Journal of Hazardous Materials, 2003, 96(2): 189 – 200.

[52] Jiang J C, Liu Z G, Kim A K. Comparison of blast prediction models for vapor cloud explosion[C]//The Combustion Institute/Canada Section, Spring Technical Meeting, 2001: 23. 1 – 23. 6.

[53] Lobato J, Cañizares P, Rodrigo M A, et al. A comparison of hydrogen cloud explosion models and the study of the vulnerability of the damage caused by an explosion of H2[J]. International Journal of Hydrogen Energy, 2006, 31(12): 1780 – 1790.

[54] Sari A. Comparison of TNO multienergy and Baker – Strehlow – Tang models[J]. Process Safety Progress, 2015, 30(1): 23 – 26.

[55] Hemmatian B, Planas E, Casal J. Comparative analysis of BLEVE mechanical energy and overpressure modelling[J]. Process Safety & Environmental Protection, 2017, 106: 138 – 149.

[56] Hemmatian B, Casal J, Planas E. A new procedure to estimate BLEVE overpressure[J]. Process Safety & Environmental Protection, 2017, 111: 320 – 325.

[57] Berg A C V D. Blast charts for explosive evaporation of superheated liquids[J]. Process Safety Progress, 2008, 27(3): 219 – 224.

[58] Laboureur D, Birk A M, Buchlin J M, et al. A closer look at BLEVE overpressure[J]. Process Safety & Environmental Protection, 2015, 95: 159 – 171.

[59] Brode H L. Blast Wave from a Spherical Charge[J]. 1959, 2(2): 217 – 229.

[60] Prugh R W. Quantitative evaluation of BLEVE hazards[J]. Journal of Fire Protection Engineering, 1991, 3(1): 9 – 24.

[61] Crowl D A. Using thermodynamic availability to determine the energy of explosion[J]. Process Safety Progress, 1991, 10(3): 136 – 142.

[62] Crowl D A. Using thermodynamic availability to determine the energy of explosion for compressed gases[J]. Process Safety Progress, 1992, 11(2): 47 – 49.

[63] Smith J M. Introduction to chemical engineering thermodynamics[M]. Mcgraw – Hill Book Company, Inc, 1975.

[64] Planas – Cuchi E, Salla J M, Casal J. Calculating overpressure from BLEVE explosions[J]. Journal of Loss Prevention in the Process Industries, 2004, 17(6): 431 – 436.

[65] Casal J, Salla J M. Using liquid superheating energy for a quick estimation of overpressure in BLEVEs and similar explosions[J]. Journal of Hazardous Materials, 2006, 137(3): 1321 – 1327.

[66] Roberts M W. Analysis of boiling liquid expanding vapor explosion(BLEVE) events at DOE sites[C]//Proceedings SA – 2000 Safety Analysis Working Group Workshop 2000, 2000.

[67] CCPS. Guidelines for vapor cloud explosion, pressure vessel burst, BLEVE, and flash fire hazards[M]. Wiley Subscription Services, Inc, 2010.

[68] Genova B, Silvestrini M, Trujillo F J L. Evaluation of the blast – wave overpressure and fragments initial velocity for a BLEVE event via empirical correlations derived by a simplified model of released energy[J]. Journal of Loss Prevention in the Process Industries, 2008, 21(1): 110 – 117.

[69] Jeremić R, Bajić Z. An approach to determining the TNT equivalent of high explosives[J]. Scientific Technical Review, 2006, 56(1): 58 – 62.

[70] Zhang B Y, Li H H, Wang W. Numerical study of dynamic response and failure analysis of spherical storage

tanks under external blast loading[J]. Journal of Loss Prevention in the Process Industries, 2015, 34: 209 – 217.

[71] Salzano E, Basco A. Simplified model for the evaluation of the effects of explosions on industrial target[J]. Journal of Loss Prevention in the Process Industries, 2015, 37(81): 119 – 123.

[72] Cozzani V, Salzano E. The quantitative assessment of domino effects caused by overpressure: Part I. Probit models[J]. Journal of Hazardous Materials. 2004, 107(3): 67 – 80.

[73] Khan F I, Abbasi S A. Models for domino effect analysis in chemical process industries[J]. Process Safety Progress, 1998, 17(2): 107 – 123.

[74] Bagster D, Pitblado R. Estimation of domino incident frequencies – an approach[J]. Process Safety and Environment Protection, 1991, 69(4): 195 – 199.

[75] Eisenberg N A, Lynch C J, Breeding R J. Vulnerability model. A simulation system for assessing damage resulting from marine spills[J]. Simulation, 1975.

[76] Zhang M, Jiang J. An improved probit method for assessment of domino effect to chemical process equipment caused by overpressure[J]. Journal of Hazardous Materials. 2008, 158(2): 280 – 286.

[77] Sun D L, Huang G T, Jiang J C, et al. Study on the rationality and validity of Probit models of Domino effect to chemical process equipment caused by overpressure[C]//Journal of Physics Conference Series, 2013, 423 (1): 012 – 020.

[78] Mukhim E D, Abbasi T, Tauseef S M, et al. Domino effect in chemical process industries triggered by overpressure – formulation of equipment – specific probits[J]. Process Safety & Environmental Protection, 2017, 106: 263 – 273.

[79] Landucci G, Reniers G, Cozzani V, et al. Vulnerability of industrial facilities to attacks with improvised explosive devices aimed at triggering domino scenarios[J]. Reliability Engineering & System Safety, 2015, 143: 53 – 62.

[80] Gubinelli G, Cozzani V. Assessment of missile hazards: identification of reference fragmentation patterns. Journal of Hazardous Materials[J]. 2009: 163(2 – 3), 1008 – 1018.

[81] Gubinelli G, Zanelli, S, Cozzani V., 2004. A simplified model for the assessment of the impact probability of fragments[J]. Journal of Hazardous Material, 2004, 116(3): 175 – 187.

[82] Baker W E, Cox P A, Westine P S, Kulesz J J, Strehlow R A. Explosion Hazards and Evaluation[M]. Amsterdam, 1983.

[83] Hauptmanns U. A Monte Carlo – based procedure for treating the flight of missiles from tank explosions[J]. Probabilistic Engineering Mechanics, 2001, 16(4): 307 – 312.

[84] Holden P L, Reeves A B. Fragment hazards from failures of pressurized liquefied gas vessels. [C]//IchemE symposium Series. 1985, 93: 205 – 220.

[85] Gubinelli G, Cozzani V. Assessment of missile hazards: evaluation of the fragment number and drag factors [J]. Journal of Hazardous Materials, 2009, 161(1): 439 – 449.

[86] Nguyen Q B, Mébarki A, Saada R A, et al. Integrated probabilistic framework for domino effect and risk analysis[J]. Advances in Engineering Software, 2009, 40(9): 892 – 901.

[87] Hauptmanns U. A procedure for analyzing the flight of missiles from explosions of cylindrical vessels[J]. Journal of Loss Prevention in the Process Industries, 2001, 14(5): 395 – 402.

[88] Baum M R. Failure of a horizontal pressure vessel containing a high temperature liquid: the velocity of end – cap and rocket missiles[J]. Journal of Loss Prevention in the Process Industries, 1999, 12(2): 137 – 145.

[89] Baum M R. The velocity of large missiles resulting from axial rupture of gas pressurised cylindrical vessels [J]. Journal of Loss Prevention in the Process Industries, 2001, 14(3): 199 – 203.

[90] Genova B, Silvestrini M, Trujillo F J L. Evaluation of the blast – wave overpressure and fragments initial velocity for a BLEVE event via empirical correlations derived by a simplified model of released energy[J]. Journal of Loss Prevention in the Process Industries, 2008, 21(1): 110 – 117.

[91] Mébarki A, Nguyen Q B, Mercier F, et al. Reliability analysis of metallic targets under metallic rods impact: towards a simplified probabilistic approach[J]. Journal of Loss Prevention in the Process Industries, 2008, 21(5): 518 – 527.

[92] Pula R, Khanhan F I, Veitch B, et al. A model for estimating the probability of missile impact: Missiles originating from bursting horizontal cylindrical vessels[J]. Process Safety Progress, 2007, 26(2): 129 – 139.

[93] Mannan S. Lees' loss prevention in the process industries: hazard identification, assessment and control[M]. Burlington: Elsevier Butterworth – Heinemann, 2012.

[94] Reniers G, Dullaert W, Ale B, et al. The use of current risk analysis tools evaluated towards preventing external domino accidents [J]. Journal of Loss Prevention in the Process Industries, 2005, 18(2005): 119 – 126.

[95] Reniers G, Dullaert W, Ale B, et al. Developing an external domino accident prevention framework: Hazwim [J]. Journal of Loss Prevention in the Process Industries, 2005, 18(2005): 127 – 138.

[96] Reniers G, Dullaert W. Knock – on accident prevention in a chemical cluster [J]. Expert Systems with Applications, 2008, 34(2008): 42 – 49.

[97] Reniers G, Dullaert W, Audenaert A, et al. Managing domino effect – related security of industrial areas [J]. Journal of Loss Prevention in the Process Industries, 2008, 21(3): 336 – 343.

[98] Reniers G, Dullaert W, Karel S. Domino effects within a chemical cluster: A game – theoretical modeling approach by using Nash – equilibrium [J]. Journal of Hazardous Materials, 2009, 167(1 – 3): 289 – 293.

[99] Zhang X M, Chen G H. Modeling and algorithm of domino effect in chemical industrial parks using discrete isolated island method [J]. Safety Science, 2011, 49(3): 463 – 467.

[100] Zhi Yuan, Nima Khakzad, Faisal Khan, et al. Domino effect analysis of dust explosions using Bayesian networks[J]. Process Safety and Environmental Protection, 2016, 100: 108 – 116.

[101] Jie H A, Wmg A, Wyc A, et al. Hazardous chemical leakage accidents and emergency evacuation response from 2009 to 2018 in China: A review[J]. Safety Science, 2021, 135: 105 – 101.

[102] Lees F P. Loss prevention in the process industries: hazard identification, assessment and control[M]. Butterworths, 2012.

[103] Fewtrell P, Ltd W, Warrington, et al. A review of high – cost chemical/petrochemical accidents since Flixborough 1974[J], Loss Prevention Bulletin, 1998.

[104] Hemmatian B, Planas E, Casal J. Comparative analysis of BLEVE mechanical energy and overpressure modelling[J]. Process Safety and Environmental Protection, 2017, 106: 138 – 149.

[105] Cozzani V, Antonioni G, Landucci G, et al. Quantitative assessment of domino and NaTech scenarios in complex industrial areas [J]. Journal of Loss Prevention in the Process Industries, 2014, 28(28): 10 – 22.

[106] Zeng T, Chen G, Yang Y, et al. Developing an advanced dynamic risk analysis method for fire – related domino effects [J]. Process Safety & Environmental Protection: Transactions of the I, 2020, 134: 49 – 160.

[107] Swuste P, Nunen K, Reniers G, et al. Domino effects in chemical factories and clusters: An historical perspective and discussion[J]. Process Safety and Environmental Protection, 2019, 124: 18 – 30.

[108] Jia M, Chen G, Reniers G. An innovative framework for determining the damage probability of equipment exposed to fire[J]. Fire safety journal, 2017, 92: 177 – 187.

[109] Jia M, Chen G, Reniers G. Equipment vulnerability assessment(EVA) and pre – control of domino effects using a five – level hierarchical framework(FLHF) [J]. Journal of Loss Prevention in the Process Industries, 2017, 48(7): 260 – 269.

[110] Chen G, Zhang X. Fuzzy – based methodology for performance assessment of emergency planning and its application[J]. Journal of Loss Prevention in the Process Industries, 2009, 22(2): 125 – 132.